分析与检验技术类专业职业技能培训教材

液相色谱与液质联用技术及应用

YEXIANG SEPU YU YEZHI LIANYONG JISHU JI YINGYONG

宓捷波　许　泓　主编

化学工业出版社

·北京·

本书主要介绍液相色谱和液相色谱-质谱/质谱技术及应用。书中简述了两种仪器的工作原理，组成仪器各主要部件的功能、特性及参数。列举了其在主要应用领域的典型实例，并结合实际工作，介绍了应用该技术执行相关标准方法做分析检测时应注意的操作要点。

本书适用于在相关领域中从事分析检测工作的相关技术人员学习，还可作为高等院校相关专业学生学习的教材。

图书在版编目（CIP）数据

液相色谱与液质联用技术及应用/宓捷波，许泓主编.
北京：化学工业出版社，2018.4（2022.4 重印）
分析与检验技术类专业职业技能培训教材
ISBN 978-7-122-31634-9

Ⅰ.①液…　Ⅱ.①宓…②许…　Ⅲ.①液相色谱-技
术培训-教材　Ⅳ.①O657.7

中国版本图书馆 CIP 数据核字（2017）第 040701 号

责任编辑：蔡洪伟　窦　臻　　　　　　　　　　文字编辑：焦欣渝
责任校对：吴　静　　　　　　　　　　　　　　装帧设计：王晓宇

出版发行：化学工业出版社（北京市东城区青年湖南街 13 号　邮政编码 100011）
印　　装：涿州市般润文化传播有限公司
787mm×1092mm　1/16　印张 11½　字数 238 千字　2022 年 4 月北京第 1 版第 3 次印刷

购书咨询：010-64518888　　　　　　　　售后服务：010-64518899
网　　址：http://www.cip.com.cn
凡购买本书，如有缺损质量问题，本社销售中心负责调换。

定　　价：49.00 元

丛书前言

为了出版一套服务于分析检验行业和企业的优质系列丛书，化学工业出版社联合全国部分高等院校、职业院校，进出口检验检疫局及国内外著名仪器公司的专家，于 2016 年 12 月在北京召开"分析与检验技术类专业丛书编写研讨会"，对目前国内分析检测行业的现状和发展趋向进行了充分的研讨，确定编写一套适应目前行业发展情况，具有指导意义的分析检测丛书，并明确了本系列丛书的编写内容和编写方案。丛书编写委员会以全国石油和化工职业教育教学指导委员会高职工业分析与环境类专业委员会副主任王炳强教授为主任，天津大学范国樑教授、班睿教授，天津科技大学杨志岩教授，天津出入境检验检疫局许泓研究员，南京科技职业学院王建梅副教授，江西省化学工业学校曾莉教授为专家组成员。参加研讨会的沃特世（Waters）科技公司北区应用部经理仇雯丽、安捷伦（Agilent Technologies）科技公司应用市场部经理祝立群、岛津（Excellence in Sicence）仪器设备公司市场部经理梁志莹、美国热电（Thermo Fisher）公司市场部经理贾伟和项目博士也在研讨会上充分发表了意见并提出很多建设性方案设想。相信本系列丛书的出版能有助于提高我国分析检测技术人员的创业创新意识，更好地服务于现代化企业和科学研究机构，并为从事分析检测工作人员服务。

为了更好地指导一线化验员和分析检测人员进行常规的工作，丛书分为六个板块单独成册，即：化验员实用操作指南、化学分析与电化学分析技术及应用、原子光谱分析技术及应用、分子光谱分析技术及应用、气相色谱与气质联用技术及应用、液相色谱与液质联用技术及应用。主持编写工作的专家都是分析检测第一线工作的博士、高级技术人员和专家学者。

本套丛书力求突出如下特色：

1. 注重内容的先进性和实用性。本书编写按照理论联系实际、注重实用的原则。在内容选用上，主要是依据有关国家标准所收载的内容及新规定而编写，并适当反映现阶段国内外新技术概况，以满足读者从事质量监控、面向国际市场的要求。

2. 注重理论与实践紧密结合。书中各章节理论知识都配有具体案例分析。这些案例都是作者长期实验的结晶和工作的总结，方便读者通过案例拓展相关的检测工作。实用案例中有很多是近年来形成的分析检验的行业案例，尚未形成国家标准，以满足在分析检测重要岗位上分析研究的特殊需要。

3. 注重实践操作指导。努力使本书适应高级技术应用型人才的使用，在一些问题的讨论上力求有一定的深度。在一些应用上给出一定的讨论空间，对层次比较高的读者可以查阅相关专著和资料去解决。

4. 注重方便于读者阅读和查找有关资料。本书内容编排上，把有关案例放在相关的章节内，使基本理论和案例训练衔接更为紧密，便于读者查找并使用。

本套丛书在编写过程中，沃特世、安捷伦、岛津、美国热电、美瑞泰克科技等公司提供了大量案例供编者参考，编者还参考了有关专著、国标、图书、论文等资料，在此向有关专家、老师、作者致以衷心的感谢。

本套丛书编写过程中，得到中国化工教育协会和全国石油和化工职业教育教学指导委员会的指导和帮助；得到化学工业出版社的热情支持和业务指导，在此表示深深的谢意！

由于时间和水平所限，书中缺陷在所难免，欢迎广大读者提出宝贵意见。

编委会

2018 年 3 月

商品化的高效液相色谱仪问世已有半个多世纪，经过不断完善，功能越来越多。现在的商品机，其输液泵的性能、检测器的类型、色谱柱的填料种类和规格较之早期仪器都有极大提升，因此分离效果越来越好，分析速度越来越快，检测的化合物种类越来越多，覆盖的领域越来越广，成为化学分析检测不可缺少的仪器。

20世纪末，常压电离接口技术解决了液相色谱-质谱联用的难题，使商品化液相色谱-质谱联用仪进入成熟期，成为真正能满足实用分析检测的仪器，其应用技术亦有了长足进步。液相色谱-质谱/质谱联用仪及技术以其独有的优势，成为21世纪以来发展和普及最快的化学分析检测仪器及技术。由于液相色谱-质谱/质谱联用仪定性准确，检测灵敏度高，定量有较宽的线性范围，使其应用领域更加广泛，已成为现代分析检测实验室不可或缺的仪器，是本书介绍的重点。

本书为分析检测类图书，书中简单介绍了液相色谱仪和液相色谱-质谱/质谱联用仪的技术原理、主要组成部件、功能、参数指标等。重点介绍两种仪器主要应用领域中的典型实例，以及采用该技术做分析检测时遇到的一些常见问题的解决方法。涉及色谱和质谱的基础理论知识部分，请参阅丛书的"气相色谱与气质联用技术及应用"。

本书在编写过程中主要参考了有关专著、国家标准和行业标准、图书、论文等资料，并结合我们实验室日常检测实际工作，描述了部分标准方法操作的关键控制点。安捷伦、SCIEX、岛津、赛默飞世尔科技、沃特世等公司的技术专家还为本书提供了部分应用方法实例。在此向有关老师、专家、论文作者、实验室人员致以衷心的感谢。

由于时间和水平所限，书中存在缺陷在所难免，欢迎广大读者提出宝贵意见。

编者

2018 年 5 月

目录
CONTENTS

第一章
液相色谱技术及应用

第一节 概 述

一、液相色谱发展简史

从 20 世纪初色谱法发明以来，经历了整整一个世纪的发展，到今天液相色谱法已经成为最重要的分离分析方法，广泛地应用于许多领域，如石油化工、有机合成、生理生化、医药卫生、食品、环境保护乃至空间探索等。

在所有色谱技术中，液相色谱法（liquid chromatography，LC）是最早发明的。1906 年俄国植物学家茨维特（Tswett）将吸附原理应用于植物色素的分离实验，用碳酸钙填充竖立的玻璃管，以石油醚洗脱植物色素的提取液，经过一段时间洗脱之后，植物色素在碳酸钙柱中实现分离，由一条色带分散为数条平行的色带。由于这一实验将混合的植物色素分离为不同的色带，因此茨维特将这种方法命名为色谱法（chromatography），这个词是由希腊语中"色"的写法 chroma 和"书写"（graphein）这两个词根组成的，派生词有 chromatograph（色谱仪）、chromatogram（色谱图）、chromatographer（色谱工作者）等。这个单词最终被英语等拼音语言接受，成为色谱法的名称。汉语中的色谱是对这个单词的意译。

1931 年德国柏林威廉皇帝研究所的库恩将茨维特的方法应用于叶红素和叶黄素的研究，其研究成果获得了科学界的广泛承认，色谱法正式进入学术界。之后，在有色物质的分离中，以氧化铝为固定相的吸附色谱法受到众多研究者的青睐。

1938 年马丁和辛格将水吸附在固相的硅胶上，以氯仿冲洗，成功地分离了氨基酸，成为分配色谱应用的第一个成果。在获得成功之后，马丁和辛格的方法被广泛应用于各种有机物的分离。1943 年马丁和辛格又发明了在蒸汽饱和环境下进行的纸色谱法。

1952 年马丁和詹姆斯提出用气体作为流动相进行色谱分离的设想，他们用硅藻土吸附的硅酮油作为固定相，用氮气作为流动相分离了若干种小分子量挥发性有机酸，完成了最早的气相色谱实验。气相色谱法在这一时期发展迅速，不同特性的检测器不断涌现，同时，在色谱学理论中有着重要地位的塔板理论、范德姆特（Van Deemter）方程和保留时间、保留指数、峰宽等概念也逐渐成形。尽管这一时期，液相色谱发展仍十分缓慢，但气相色谱的检测器技术和色谱理论的发展为后期液相色谱的发展奠定了基础。

自 1906 年茨维特分离植物色素至 1960 年代末的液相色谱技术又称为经典液相色谱技术，这一时期的液相色谱通常用大直径的玻璃管柱在室温和常压下用液位差输送流动相，此方法由于使用的填充粒大于 $100\mu m$，提高柱效面临着困境，所以色谱分离效果差、时间长。

1969 年，科克兰、哈伯、荷瓦斯、莆黑斯、里普斯克等人开发了世界上第一台高效液相色谱仪，开启了液相色谱的新时代。之后，小粒径全多孔球形硅胶和稳定性键合固定相的出现，大大提高了色谱柱的塔板数，同时借助往复式双柱塞恒流泵以高压驱动流动相克服小粒径填料引起的高阻力，使得经典液相色谱需要数日乃至数月完成的分离工作得以在几个小时甚至几十分钟内完成，由于这种液相色谱技术具有高压、高速、高分离度的特征，因此被称作高效液相色谱法（high performance liquid chromatography，HPLC）。

1971 年，科克兰等人出版了《液相色谱的现代实践》一书，标志着高效液相色谱法（HPLC）正式建立。现代意义的 HPLC 发展也自此进入高速推进的快车道。作为一种有效的分离检测手段，HPLC 在化学、医学、药物开发与检测、化工、食品科学、环境监测、检验检疫和法检等领域都展现出独特的优势。此外，HPLC 也直接推动了固定相材料、检测技术、数据处理技术以及色谱理论的发展。

1973 年，第一届国际液相色谱会议在瑞士的因特拉肯举行，这是一次 HPLC 研究者的盛会，HPLC 的研究及展示在会议中获得了大量学者的关注，其中几乎 50％以上的论文将讨论的重点集中在色谱柱的问题上，其余论文则关注了 HPLC 的检测器和实际应用。

到 20 世纪 80 年代中期，计算机模拟预测高效分离结果与实际实验相结合，使计算机逐渐承担了色谱分析结果的繁重数学计算工作。期间，科达（Ko dak）实验室中已经能够利用对聚合度为反相键合色谱柱分离 900 多种多聚取代磺酸芳香高级性化合物；雷格里尔、哈恩和汉卡克以及他们的同事建立了对映体（手性异构体）和大生物分子如蛋白质的 HPLC 方法；超临界流体色谱法（SFC）、毛细管电泳（LZE）、制备色谱法（PC）等也逐渐开始应用。

近年来，HPLC 的色谱柱改进和完善进程更是迅速，亚 $2\mu m$ 粒径、各种修饰已成为当前应用的热点；超高压输送泵的出现则不仅缩短了分离时间，而且将高效液相色谱的有效塔板数提高了数百倍，使分离效率飞速提高。

经过 30 多年的发展，现代高效液相色谱技术得到了不断的完善和改进，在输液泵、检测器、色谱柱及数据控制和处理系统等方面采用了许多专利技术，使泵的稳定性和重复性、检测器的灵敏度和检出能力、色谱柱的分离效能和应用范围及数据处理软件的智能化得到了很大的提高。现在，HPLC 几乎能够分析所有的有机、高分子及生物试样，在目前已知的有机化合物中，若事先不进行化学改性，只有 20％ 的化合物用气相色谱可以得到较好的分离，而 80％ 的有机化合物则需 HPLC 分析。在短短的 30 多年里，HPLC 从初步成形发展成为成熟而广泛应用的分析方法。目前，HPLC 在化学、生物医药、食品等领域的分离和分析中已是不可或缺的重要技术。

二、液相色谱基本原理

(一) 概述

色谱法的分离以化合物在流动相与固定相之间的相互作用为基础，当溶于流动相中的各组分经过固定相时，由于与固定相发生作用（吸附、分配、离子吸引、排阻、亲和）的大小、强弱不同，在固定相中滞留时间不同，从而先后从固定相中流出。如果色谱分离过程中使用的流动相是液体，则称为液相色谱。高效液相色谱则指以泵高压驱动流动相，使用小粒径多孔硅胶或稳定键合固定相的液相色谱。

由检测器将分离情况转换成电信号进行记录，得到一条信号随时间变化的曲线，称为色谱流出曲线。当待测组分流出色谱柱时，检测器就可检测到相应组分的浓度，在流出曲线上表现为峰状，称为色谱峰，理想的色谱峰流出曲线应该是符合正态分布的曲线（见图 1-1）。

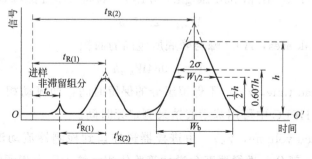

图 1-1 典型色谱流出曲线

为了解释色谱流出曲线的形状、探究实际色谱区带扩散的影响因素和从理论上指导色谱分离和定量结果，人们从热力学、动力学等方面进行了大量的研究，形成了塔板、速率、平衡等经典理论，为评价表征柱效、定量关联色谱参数与柱效以及探究各种因素对色谱流出曲线的影响奠定了研究基础。

(二) 基本概念和术语

高效液相色谱的分离原理、溶质在固定相中保留、扩散等概念基本源自气相色谱法，所以，适用于气相色谱的一些概念、术语及分离的基本关系式，往往也适用于高效液相色谱法。高效液相色谱法中的一些基本概念和术语如下：

① 色谱图（chromatogram） 样品流经色谱柱和检测器所得到的信号-时间曲线，又称色谱流出曲线（elution profile）。

② 基线（base line） 经流动相冲洗，柱与流动相达到平衡后，检测器测出一段时间的流出曲线，一般应平行于时间轴。

③ 噪声（noise） 基线信号的波动。通常因电源接触不良或瞬时过载、检测器不稳定、流动相含有气泡或色谱柱被污染所致。

④ 漂移（drift） 基线随时间的缓缓变化。主要由于操作条件如电压、温度、流动相及流量的不稳定所引起，柱内的污染物或固定相不断被洗脱下来也会产生漂移。

⑤ 色谱峰（peak） 组分流经检测器时响应的连续信号产生的曲线。流出曲线上的突起部分。正常色谱峰近似于对称形正态分布曲线（高斯曲线）。不对称色谱峰有两种：前延峰（leading peak）和拖尾峰（tailing peak）。

⑥ 标准偏差（standard deviation，σ） 正态分布曲线 $x = \pm 1$ 时（拐点）的峰宽之半。正常峰的拐点在峰高的 0.607 倍处。标准偏差的大小说明组分在流出色谱柱过程中的分散程度。σ 小，分散程度小，极点浓度高，峰形瘦，柱效高；反之，σ 大，峰形胖，柱效低。

⑦ 峰底 基线上峰的起点至终点的距离。

⑧ 峰高（peak height，h） 峰的最高点至峰底的距离。

⑨ 峰宽（peak width，W） 峰两侧拐点处所作两条切线与基线的两个交点间的距离。

$$W = 4\sigma$$

⑩ 半峰宽（peak width at half-height，$W_{h/2}$） 峰高一半处的峰宽。

$$W_{h/2} = 2.355\sigma$$

⑪ 峰面积（peak area，A） 峰与峰底所包围的面积。

$$A = 1.064 W_{h/2} h$$

⑫ 死时间（dead time，t_0） 不保留组分的保留时间，即流动相（溶剂）通过色谱柱的时间。在反相 HPLC 中可用苯磺酸钠来测定死时间。

⑬ 死体积（dead volume，V_0） 由进样器进样口到检测器流动池未被固定相所占据的空间。它包括 4 部分：进样器至色谱柱管路体积、柱内固定相颗粒间隙（被流动相占据，V_m）、柱出口管路体积、检测器流动池体积。其中只有 V_m 参与色谱平衡过程，其他 3 部分只起峰扩展作用。为防止峰扩展，这 3 部分体积应尽量减小。

$$V_0 = F \times t_0 \, (F \text{ 为流速})$$

⑭ 保留时间（retention time，t_R） 从进样开始到某组分在柱后出现浓度极大值的时间。

⑮ 保留体积（retention volume，V_R） 从进样开始到某组分在柱后出现浓度极大值时流出溶剂的体积，又称洗脱体积。

$$V_R = F \times t_R$$

⑯ 调整保留时间（adjusted retention time，t_R'） 扣除死时间后的保留时间，也称折合保留时间（reduced retention time）。在实验条件（温度、固定相等）一定时，t_R' 只决定于组分的性质，因此，t_R'（或 t_R）可用于定性。

$$t_R' = t_R - t_0$$

⑰ 调整保留体积（adjusted retention volume，V_R'）　扣除死体积后的保留体积。

$$V_R' = V_R - V_0 \text{ 或 } V_R' = F \times t_R'$$

⑱ 理论塔板数（theoretical plate number，N）　用于定量表示色谱柱的分离效率（简称柱效），取决于固定相的种类、性质（粒度、粒径分布等）、填充状况、柱长、流动相的种类和流速及测定柱效所用物质的性质。若用调整保留时间（t_R'）计算理论塔板数，所得值称为有效理论塔板数（$N_{有效}$ 或 N_{eff}）。

⑲ 理论塔板高度（theoretical plate height，H）　每单位柱长的方差。实际应用时往往用柱长 L 和理论塔板数计算。

⑳ 分配系数（distribution coefficient，K）　在一定温度下，化合物在两相间达到分配平衡时，在固定相与流动相中的浓度之比。

㉑ 容量因子（capacity factor，k）　化合物在两相间达到分配平衡时，在固定相与流动相中的量之比。因此容量因子也称质量分配系数。

㉒ 选择性因子（selectivity factor，α）　相邻两组分的分配系数或容量因子之比。从本质上来说，α 的大小表示两组分在两相间的平衡分配热力学性质的差异，即分子间相互作用力的差异。

㉓ 分离度（resolution，R）　相邻两峰的保留时间之差与平均峰宽的比值，也叫分辨率，表示相邻两峰的分离程度。$R \geqslant 1.5$ 称为完全分离。

$$R = \frac{2(t_{R2} - t_{R1})}{W_1 + W_2}$$

（三）塔板理论

1. 塔板理论的基本假设

塔板理论是 Martin 和 Synger 首先提出的色谱热力学平衡理论。它把色谱柱看作分馏塔，把组分在色谱柱内的分离过程看成在分馏塔中的分馏过程，即组分在塔板间隔内的分配平衡过程。塔板理论的基本假设为：

① 色谱柱内存在许多塔板，组分在塔板间隔（即塔板高度）内完全服从分配定律，并很快达到分配平衡。

② 样品加在第 0 号塔板上，样品沿色谱柱轴方向的扩散可以忽略。

③ 流动相在色谱柱内间歇式流动，每次进入一个塔板体积。

④ 在所有塔板上分配系数相等，与组分的量无关。

虽然以上假设与实际色谱过程不符，如色谱过程是一个动态过程，很难达到分配平衡；组分沿色谱柱轴方向的扩散是不可避免的。但是塔板理论导出了色谱流出曲线方程，成功地解释了流出曲线的形状、浓度极大点的位置，能够评价色谱柱柱效。

2. 色谱流出曲线方程及定量参数（峰高 h 和峰面积 A）

根据塔板理论，流出曲线可用下述正态分布方程来描述：

$$c = \frac{m\sqrt{n}}{V_R\sqrt{2\pi}}\exp\left[-\frac{n}{2}\times\frac{(V-V_R)^2}{V_R^2}\right]$$

$$c = \frac{m\sqrt{n}}{t_R\sqrt{2\pi}}\exp\left[-\frac{n}{2}\times\frac{(t-t_R)^2}{t_R^2}\right]$$

由色谱流出曲线方程可知：当 $t=t_R$ 时，浓度 c 有极大值 c_{max}。c_{max} 就是色谱峰的峰高。上式说明：①当实验条件一定时（即 σ 一定），峰高 h 与组分的量 c_0（进样量）成正比，所以正常峰的峰高可用于定量分析；②当进样量一定时，σ 越小（柱效越高），峰高越高，因此提高柱效能提高 HPLC 分析的灵敏度。

由流出曲线方程对 $V(0\sim\infty)$ 求积分，可得出色谱峰面积 $A=2.507\sigma h=c_0$。可见，A 相当于组分进样量 c_0，因此是常用的定量参数。把 $W_{h/2}=2.355\sigma$ 代入上式，即得 $A=1.064\times W_{h/2}\times h$，此为正常峰的峰面积计算公式。

(四) 速率理论（又称随机模型理论）

1. 液相色谱速率方程

1956 年荷兰学者 Van Deemter 等人吸收了塔板理论的概念，并把影响塔板高度的动力学因素结合起来，提出了色谱过程的动力学理论——速率理论。它把色谱过程看作一个动态非平衡过程，研究过程中的动力学因素对峰展宽（即柱效）的影响。后来 Giddings 和 Snyder 等人在 Van Deemter 方程（$H=A+B/u+Cu$，后称气相色谱速率方程）的基础上，根据液体与气体的性质差异，提出了液相色谱速率方程（即 Giddings 方程）：

$$H = \left(\frac{1}{2\lambda d_p}+\frac{1}{C_G\bar{u}}\right)^{-1}+\frac{B}{\bar{u}}+C\bar{u}$$

2. 影响柱效的因素

（1）涡流扩散（eddy diffusion） 由于色谱柱内填充剂的几何结构不同，分子在色谱柱中的流速不同而引起的峰展宽。涡流扩散项 $A=2\lambda d_p$，d_p 为填料直径，λ 为填充不规则因子，填充越不均匀 λ 越大。HPLC 常用填料粒度一般为 $3\sim10\mu m$，最好 $3\sim5\mu m$，粒度分布 RSD$\leqslant5\%$。但粒度太小难以填充均匀（λ 大），且会使柱压过高。大而均匀（球形或近球形）的颗粒容易填充规则均匀，λ 小。总的说来，应采用细而均匀的载体，这样有助于提高柱效。毛细管无填料，$A=0$。

（2）分子扩散（molecular diffusion） 又称纵向扩散。由于进样后溶质分子在柱内存在浓度梯度，导致轴向扩散而引起的峰展宽。分子扩散项 $B/u=2\gamma D_m/u$。u 为流动相线速度，分子在柱内的滞留时间越长（u 小），展宽越严重。在低流速时，它对峰形的影响较大。D_m 为分子在流动相中的扩散系数，由于液相的 D_m 很小，通常仅为气相的 $10^{-4}\sim10^{-5}$，因此在 HPLC 中，只要流速不太低的话，这一项可以忽略不计。γ 是考虑到填料的存在使溶质分子不能自由地轴向扩散而引入的柱参数，用以对 D_m 进行校正。γ 一般在 $0.6\sim0.7$ 左右，毛细管柱的 $\gamma=1$。

（3）传质阻抗（mass transfer resistance） 由于溶质分子在流动相、静态流动相和固定相中的传质过程而导致的峰展宽。溶质分子在流动相和固定相中的扩散、分配、转移的过程并不是瞬间达到平衡，实际传质速度是有限的，这一时间上的滞后使色谱柱总是在非平衡状态下工作，从而产生峰展宽。液相色谱的传质阻抗项 Cu 又分为三项。

① 流动相传质阻抗 $H_m = C_m d_p^2 u / D_m$，C_m 为常数。这是由于在一个流路中流路中心和边缘的流速不等所致。靠近填充颗粒的流动相流速较慢，而中心较快，处于中心的分子还未来得及与固定相达到分配平衡就随流动相前移，因而产生峰展宽。

② 静态流动相传质阻抗 $H_{sm} = C_{sm} d_p^2 u / D_m$，$C_{sm}$ 为常数。这是由于溶质分子进入处于固定相孔穴内的静止流动相中，晚回到流路中而引起峰展宽。H_{sm} 对峰展宽的影响在整个传质过程中起着主要作用。固定相的颗粒越小，微孔孔径越大，传质阻力就越小，传质速率越高。所以改进固定相结构，减小静态流动相传质阻力，是提高液相色谱柱效的关键。

H_m 和 H_{sm} 都与固定相的粒径平方 d_p^2 成正比，与扩散系数 D_m 成反比。因此，应采用低粒度固定相和低黏度流动相。高柱温可以增大 D_m，但用有机溶剂作流动相时，易产生气泡，因此一般采用室温。

③ 固定相传质阻抗 $H_s = C_s d_f^2 u / D_s$（液液分配色谱），C_s 为常数，d_f 为固定液的液膜厚度，D_s 为分子在固定液中的扩散系数。在分配色谱中 H_s 与 d_f 的平方成正比，在吸附色谱中 H_s 与吸附和解吸速度成反比。因此，只有在厚涂层固定液、深孔离子交换树脂或解吸速度慢的吸附色谱中，H_s 才有明显影响。采用单分子层的化学键合固定相时 H_s 可以忽略。

从速率方程式可以看出，要获得高效能的色谱分析，一般可采用以下措施：①进样时间要短；②填料粒度要小；③改善传质过程，过高的吸附作用力可导致严重的峰展宽和拖尾，甚至不可逆吸附；④较小的检测器死体积；⑤适当的流速，以 H 对 u 作图，则有一最佳线速度 u_{opt}，在此线速度时，H 最小。一般在液相色谱中，u_{opt} 很小（大约 $0.03 \sim 0.1 \text{mm/s}$），在这样的线速度下分析样品需要很长时间，一般来说都选择在 1mm/s 的条件下操作。

（五）柱外效应

速率理论研究的是柱内峰展宽因素，实际在柱外还存在引起峰展宽的因素，即柱外效应（色谱峰在柱外死空间里的扩展效应）。色谱峰展宽的总方差等于各方差之和，即：

$$\sigma^2 = \sigma_{柱内}^2 + \sigma_{柱外}^2 + \sigma_{其他}^2$$

柱外效应主要由进样点到检测池之间除柱子本身以外的所有死体积所引起。为了减少柱外效应，首先应尽可能减少柱外死体积，如使用"零死体积接头"连接各部件，管道对接宜呈流线型，检测器的内腔体积应尽可能小。其次，希望将样品直接进在柱头的中心部位，但是由于进样阀与柱间有接头，柱外效应总是存在的。此外，要求进样体积 $\leqslant V_R/2$。

柱外效应的直观标志是容量因子 k 小的组分（如 $k<2$）峰形拖尾和峰宽增加得更为明显；k 大的组分影响不显著。由于 HPLC 的特殊条件，当柱子本身效率越高（N 越大），柱尺寸越小时，柱外效应越显得突出。而在经典 LC 中则影响相对较小。

三、液相色谱的分类

液相色谱法可依据溶质在固定相和流动相分离过程的物理化学原理分类，也可以按照溶质在色谱柱中洗脱的动力学过程分类。

(一) 按溶质在两相分离过程的物理化学原理分类

液相色谱法按分离机制的不同可分为液固吸附色谱法、液液分配色谱法（正相与反相）、离子交换色谱法、离子对色谱法、分子排阻色谱法和亲和色谱法。

1. 液固色谱法

该法使用固体吸附剂，被分离组分在色谱柱上的分离原理是根据固定相对组分吸附力大小不同而进行分离。分离过程是一个吸附-解吸附的平衡过程。常用的吸附剂为硅胶或氧化铝，粒度 $5\sim10\mu m$。适用于分离分子量 $200\sim1000$ 的组分，大多数用于非离子型化合物，离子型化合物易产生拖尾。常用于分离同分异构体。

2. 液液色谱法

该法使用将特定的液态物质涂于担体表面，或化学键合于担体表面而形成的固定相，分离原理是根据被分离的组分在流动相和固定相中溶解度不同而分离。分离过程是一个分配平衡过程。

涂布式固定相应具有良好的惰性；流动相必须预先用固定相饱和，以减少固定相从担体表面流失；温度的变化和不同批号流动相的区别常引起柱子的变化；另外在流动相中存在的固定相也使样品的分离和收集复杂化。由于涂布式固定相很难避免固定液流失，现在已很少采用。现在多采用的是化学键合固定相，如 C_{18}、C_8、氨基柱、氰基柱和苯基柱。

液液色谱法按固定相和流动相的极性不同可分为正相色谱法（NPC）和反相色谱法（RPC）。正相色谱法采用极性固定相（如聚乙二醇、氨基与腈基键合相）；流动相为相对非极性的疏水性溶剂（烷烃类如正己烷、环己烷），常加入乙醇、异丙醇、四氢呋喃、三氯甲烷等以调节组分的保留时间。常用于分离中等极性和极性较强的化合物（如酚类、胺类、羰基类及氨基酸类等）。反相色谱法一般用非极性固定相（如 C_{18}、C_8）；流动相为水或缓冲液，常加入甲醇、乙腈、异丙醇、丙酮、四氢呋喃等与水互溶的有机溶剂以调节保留时间。适用于分离非极性和极性较弱的化合物（表 1-1）。RPC 在现代液相色谱中应用最为广泛，据统计，它占整个 HPLC 应用的 80% 左右。

表 1-1　正相色谱法与反相色谱法对比

项目	正相色谱法	反相色谱法
固定相极性	高～中	中～低
流动相极性	低～中	中～高
组分洗脱次序	极性小先洗出	极性大先洗出

随着柱填料的快速发展，反相色谱法的应用范围逐渐扩大，现已应用于某些无机样品或易解离样品的分析。为控制样品在分析过程的解离，常用缓冲液控制流动相的 pH 值。但需要注意的是，C_{18} 和 C_8 使用的 pH 值通常为 2.5～7.5（2～8），pH 值太高会使硅胶溶解，太低会使键合的烷基脱落。有报道称新商品柱可在 pH1.5～10 范围操作。

从表 1-1 可看出，当极性为中等时正相色谱法与反相色谱法没有明显的界线（如氨基键合固定相）。

离子对色谱法又称偶离子色谱法，是液液色谱法的分支。它是根据被测组分离子与离子对试剂离子形成中性的离子对化合物后，在非极性固定相中溶解度增大，从而使其分离效果改善。主要用于分析离子强度大的酸碱物质。分析碱性物质常用的离子对试剂为烷基磺酸盐，如戊烷磺酸钠、辛烷磺酸钠等。另外，高氯酸、三氟乙酸也可与多种碱性样品形成很强的离子对。分析酸性物质常用四丁基季铵盐，如四丁基溴化铵、四丁基铵磷酸盐。离子对色谱法常用 ODS 柱（即 C_{18}），流动相为甲醇-水或乙腈-水，水中加入 3～10mmol/L 的离子对试剂，在一定的 pH 值范围内进行分离。被测组分保时间与离子对性质、浓度、流动相组成及其 pH 值、离子强度有关。

3. 离子交换色谱法

固定相是离子交换树脂，常用苯乙烯与二乙烯交联形成的聚合物骨架，在表面末端芳环上接上羧基、磺酸基（称阳离子交换树脂）或季铵基（阴离子交换树脂）。被分离组分在色谱柱上的分离原理是树脂上可电离离子与流动相中具有相同电荷的离子及被测组分的离子进行可逆交换，根据各离子与离子交换基团具有不同的电荷吸引力而分离。

缓冲液常用作离子交换色谱的流动相。被分离组分在离子交换柱中的保留时间除与组分离子与树脂上的离子交换基团作用强弱有关外，还受流动相的 pH 值和离子强度影响。pH 值可改变化合物的解离程度，进而影响其与固定相的作用。流动相的盐浓度大，则离子强度高，不利于样品的解离，导致样品较快流出。离子交换色谱法主要用于分析有机酸、氨基酸、多肽及核酸。

4. 排阻色谱法

固定相是有一定孔径的多孔性填料，流动相是可以溶解样品的溶剂。小分子量的化合物可以进入孔中，滞留时间长；大分子量的化合物不能进入孔中，直接随流动相流出。它利用分子筛对分子量大小不同的各组分排阻能力的差异而完成分离。常用于分离高分子化合物，如组织提取物、多肽、蛋白质、核酸等。

5. 亲和色谱法

在不同基体上键合多种不同特征的配体作固定相，用不同 pH 值的缓冲溶液作流动相，依据生物分子（氨基酸、肽、蛋白质、核酸、核苷酸、核酸、酶等）与基体上键连的配位体之间存在的特异性亲和作用能力的差别，而实现对具有生物活性的生物分子的分离。

（二）按溶质在色谱柱洗脱的动力学过程分类

1. 洗脱法（elutionmethod）

洗脱法又称淋洗法，如将含三组分的样品注入色谱柱，流动相连续流过色谱柱，并携带样品组分在柱内向前移动，经色谱分离后，样品中不同组分依据与固定相和流动相相互作用的差别，顺序流出色谱柱。

2. 前沿法（frontalmethod）

前沿法又称迎头法，如将含三个等量组分的样品溶于流动相，组成混合物溶液，并连续注入色谱柱，由于溶质的不同组分与固定相的作用力不同，则与固定相作用最弱的第一个组分首先流出，其次是第二个组分与第一个组分混合流出，最后是与固定相作用最强的第三个组分与第二个和第一个组分混合流出。此法仅第一个组分纯度较高，其他流出物皆为混合物，不能实现各个组分的完全分离，现已较少采用。

3. 置换法（displacementmethod）

置换法又称顶替法，当含三种组分的混合物样品注入色谱柱后，各组分皆与固定相有强作用力，若使用一般流动相无法将它们洗脱下来，可使用一种比样品组分与固定相间作用力更强的置换剂（或称顶替剂）作流动相，当它注入色谱柱后，可迫使滞留在柱上的各个组分依其与固定相作用力的差别而依次洗脱下来，且各谱带皆为各个组分的纯品。置换法现已在大规模制备色谱中获得广泛应用，在生物大分子纯品制备中取得良好的效果。

第二节　高效液相色谱仪器的基本结构及发展

一、高效液相色谱仪器的基本组成

自 1969 年首次出现以来，随着应用范围的不断拓展，高效液相色谱（简称 HPLC）仪器的发展十分迅猛，其仪器结构和流程也多种多样。典型的高效液相色谱仪基本由高压输液系统、进样系统、分离系统、检测系统和数据处理系统五个部分组成，如图 1-2 所示。下面将分别叙述其各自的组成与特点。

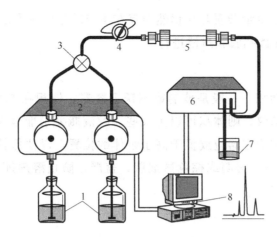

图 1-2 典型的高效液相色谱仪组成

1—贮液瓶（输液管入口端安装有过滤器）；2—高压输液泵；3—混合器和阻尼器；4—进样器（阀）；

5—色谱柱；6—检测器；7—废液瓶；8—数据处理和控制系统

(一) 高压输液系统

　　HPLC 使用的色谱柱是很细的（1~6mm），所用固定相的粒度也非常小（几微米到几十微米），所以流动相在柱中流动受到的阻力很大，在常压下，流动相流速十分缓慢，柱效低且费时。为了达到快速、高效分离，必须给流动相施加很大的压力，以加快其在柱中的流动速度，因此，须用高压泵进行高压输液。所以高压输液系统对于现代 HPLC 而言是至关重要的。高压液相色谱仪的高压输液系统通常由过滤器、贮液装置、脱气装置、高压泵、压力脉动阻尼器、梯度淋洗装置等组成。

1. 过滤器

　　在 HPLC 体系中一旦有任何颗粒物进入，都会对高压泵或单向阀造成损害，并堵塞输液管路或色谱柱，最终导致系统压力增加并使色谱峰变形。因此，为了防止或减少颗粒物进入 HPLC 系统中，延长仪器和色谱柱的使用寿命，提高数据的可靠性，在流动相进入 HPLC 系统前通常需要经过过滤器。常用过滤装置是孔径为 5~10μm 的下沉式过滤器，位于连接贮液瓶和泵的输液管的末端进口处，常见材质有熔融玻璃砂芯滤板和微孔金属过滤筒两种。

　　注意事项：过滤器的设计只能除去系统中的尘土并保证贮液瓶、输液管使用的可靠性，并不能取代流动相的过滤步骤。如果流动相均由高效液相色谱级的溶剂组成，那么，流动相可以不用过滤。由于高效液相色谱级的有机溶剂，例如乙腈、甲醇等，在制造的工艺过程中都已经过了 0.2μm 微孔滤膜过滤。同样的，无论是 HPLC 级的水还是在实验室使用超纯水净化系统制备的水，最后一步也是通过 0.2μm 微孔滤膜。但是，假如有任何一种缓冲液中加进了固体物，例如磷酸盐，就必须进行流动相的过滤。虽然缓冲盐可能是可溶解的、高纯的，但它还是可能含有颗粒物质，例如在盖试剂瓶的塑料内盖时，塑料瓶盖子与瓶口边沿挤压就会产生塑料颗粒。在这种情况下，添加的固体物可能完全溶解了，但是少量杂质颗粒仍然会存在于流动相中成为残渣。过滤步骤通常采用流动相通过 $0.45\mu m$ 微孔滤膜过滤进行。

2. 贮液装置

用来贮存液体流动相，一般是玻璃或不锈钢容器，体积在 $0.5\sim2L$ 为宜，对于凝胶色谱仪、制备型色谱仪，则体积可以更大些。贮液瓶要求能承受一定压力，耐腐蚀，易于脱气操作。通常贮液容器应放置于高于泵体的位置，以便保持一定的输液压力差。简单的贮液容器为 $500mL$ 透明或棕色试剂瓶，盖严，防止溶剂挥发或空气中氧气等引起流动相组成发生改变。

3. 脱气装置

流动相进泵前必须脱气，尤其是水和极性溶剂，以除去其中溶解的气体（如氧气等）。否则过柱后由于压力降低，溶解的气体会逸出形成气泡，这些气泡对于多种检测器都会造成不良的影响，如在低死体积检测池中，气泡会增加基线噪声，进而降低检测器的灵敏度，而对于荧光检测器，溶解在流动相中的氧气将会造成荧光猝灭效应，影响荧光检测器的检测。

目前，商品化的 HPLC 仪器一般装有流动相在线脱气设备，如微型真空泵在线脱气，通常采用将真空脱气设备串联到贮液系统中，并结合膜过滤器的方式实现连续脱气，以脱除溶解在液体中的空气，防止溶解气在柱后由于压力下降而脱出，形成气泡，影响检测器正常工作。

离线的脱气方式也经常应用，比较常见的有超声波脱气法、低压脱气、吹氦脱气和加热回流等。

超声波脱气法：将溶剂贮瓶置于超声波水浴中，脱气 $15\sim20min$，这是目前使用最广泛的脱气方法。

低压脱气又称为抽真空脱气，使用微型真空泵，降压至 $0.05\sim0.07MPa$ 即可除去流动相中溶解的气体，该法对单一溶剂体系脱气较为适宜，多元溶剂建议先进行脱气后再混合，防止真空体系对混合溶剂的组成造成影响。

吹氦脱气法利用氦气在液体中的溶解度小于空气的特点，在 $0.1MPa$ 压力下，用一定流速（如 $60mL/min$）将氦气通入流动相 $10\sim15min$，即可除去流动相中溶解的空气。该法因使用氦气，成本较为昂贵，但脱气效果较好。

4. 高压输液泵

高压输液泵是高效液相色谱仪中的关键部件之一，其功能是将贮液容器中的流动相以高压形式连续不断地送入液路系统，使样品在色谱柱中完成分离过程。由于液相色谱仪所用色谱柱径较细，所填固定相粒度很小，因此，对流动相的阻力较大，为了使流动相能较快地流过色谱柱，就需要高压泵注入流动相。因此，HPLC 系统对泵有如下要求：输出压力高，流量范围大，流量恒定，无脉动，流量精度和重复性为 0.5% 左右，此外，还应耐腐蚀，密封性好。

高压输液泵，按其性质可分为恒压泵和恒流泵两大类。恒流泵是能给出恒定流量的泵，其流量与流动相黏度和柱渗透无关。恒压泵是保持输出压力恒定，而流量随外界阻力变化而变化，如果系统阻力不发生变化，恒压泵就能提供恒定的流量。

高压输液泵，按机械结构可分为液压隔膜泵、气动放大泵、螺旋注射泵和往复柱塞泵四种，其中液压隔膜泵和气动放大泵为恒压泵，而螺旋注射泵和往复柱塞泵则属于恒流泵。

(1) 液压隔膜泵　这种泵的特点是制备工艺要求低，高压密封易解决。缺点是排吸液切换时压力波动较大。其结构如图 1-3 所示。

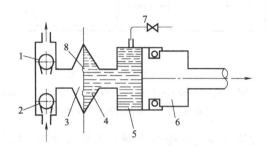

图 1-3　液压隔膜泵的结构示意图

1,2—进出口单向阀；3—非载液缸；4—压力传递介质缸；5—压力传递介质；
6—柱塞；7—压力传递传质输入阀；8—压力传递隔膜

(2) 气动放大泵　这种泵是输出恒定压力的泵，结构如图 1-4 所示。其利用气体的压力驱动和调节流动相的压力。工作时，以压缩空气作为动力驱动汽缸中横截面积大的活塞，再经过一个连杆驱动液缸中横截面积小的活塞，借助两个活塞面积的差异，获得输出液的高压。

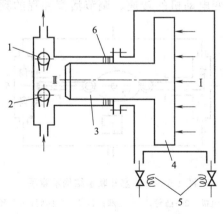

图 1-4　气动放大泵结构示意图

Ⅰ—汽缸；Ⅱ—液缸；1,2—进出口单向阀；3—柱塞；
4—汽缸活塞；5—电磁阀；6—密封环

使用气动放大泵时，输出流动相的流量不仅由泵的输出压力决定，还取决于流动相的黏度及色谱柱的长度、固定相粒度和填充情况，因此在实际过程中无法获得稳定的流量。

气动放大泵的优点是制备容易，操作时压力稳定无波动，但由于其不易进行流量调节，无法用于梯度淋洗，目前常常用于装柱。

（3）螺旋注射泵 这种泵为输出恒定体积流量的流动相，其工作原理（图1-5）是利用齿轮螺杆传动至步进电动机，带动活塞以恒定的速度移动，在高压的状态下将流动相以恒定流速输出。

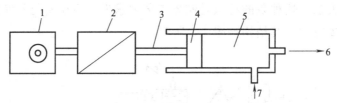

图1-5 注射泵工作原理图

1—步进电动机；2—变速齿轮箱；3—螺杆；4—活塞；5—载液；

6—至色谱柱；7—用单向阀封闭的载入口

螺旋注射泵的优点为流量稳定，操作方便，可与多种高灵敏度检测器连接使用。其可在高压状态下提供精确（0.1%）、无脉动、可重现的流量，并可通过改变电动机的电压，控制电机转速，改变活塞的移动速度，进而调节流动相的流量。这种泵的缺点是间断式供液，更换溶剂时清洗不便，尽管可采用双缸结构解决间歇供液的问题，但不易清洗的问题仍无法解决，目前多用于超临界流体色谱中。

（4）往复柱塞泵 这是HPLC中应用最多的泵，其结构如图1-6所示。常见的往复柱塞泵为双柱塞并联泵，通常由电动机带动凸轮或偏心轮转动，驱动活塞杆做往复式运动，借助单向阀的开关，定期将贮存在液缸里的液体以高压连续输出。需要改变输出液体的流量时，可以通过改变电动机的转速、调节活塞冲程的频率来实现。

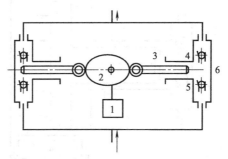

图1-6 双柱塞并联泵结构示意图

1—电极；2—凸轮；3—柱塞；4，5—单向阀；6—泵腔

往复柱塞泵的优点在于维持高压状态下的连续恒定的流量，且由于柱塞尺寸小、易于密封，柱塞、单向阀的阀球和阀座可使用人造红宝石材料，更换溶剂便利，尤其适合于梯度洗脱。其缺点在于恒流状态下仍存在脉动，对于敏感的接测器而言，会引起基线波动；此外，柱塞直接与流动相接触，会造成污染，且长期运转过程中，单向阀的阀球易因磨损而不能正常关闭单向阀。

5. 压力脉动阻尼器

由于高压输液泵输出的流动相具有一定脉动，而很多检测器对流动相流速波动比较敏感，为了获得稳定的基线，所以 HPLC 仪器中常常会在泵的出口与色谱柱的入口安装一个压力脉冲阻尼器。阻尼器由螺旋毛细管、波纹管等组成。

6. 梯度淋洗装置

通常情况下，液相色谱中的流动相组成和比例是恒定的，这种洗脱化合物的方式被称为等度洗脱；但是为了改善分析结果，某些操作需要连续改变流动相中各溶剂组分的比例以连续改变流动相的极性，使每个分析组分都有合适的容量因子 k，并使样品中的所有组分可在最短时间内实现最佳分离，这种洗脱方式称为梯度洗脱。目前，梯度洗脱已在 HPLC 中获得广泛的应用，主流的仪器都配备梯度洗脱装置。

梯度洗脱可分为低压梯度和高压梯度两种方式，如图 1-7 所示，具体介绍如下：

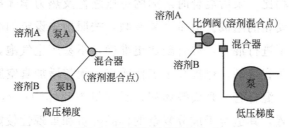

图 1-7　梯度洗脱的两种方式

（1）低压梯度装置　该梯度模式又称为泵前混合，在常压下按照一定的程序将溶剂预先进行混合后再由高压输液泵输入色谱分离系统。目前最常用的方式是通过电磁比例阀控制流动相的混合，借助控制器程序即可得到任意混合浓度的曲线。这种装置的主要优点是仅需要一个高压输送泵。图 1-8 是四元低压梯度系统示意图。这一系统最多可同

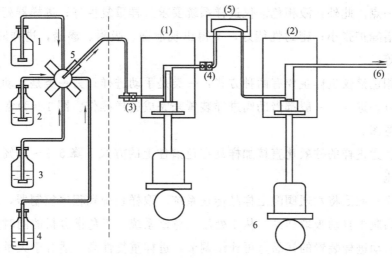

图 1-8　四元低压梯度系统示意图

1—溶剂 1；2—溶剂 2；3—溶剂 3；4—溶剂 4；5—高速比例阀；6—双柱塞往复式串联泵；

（1）泵Ⅰ；（2）泵Ⅱ；（3）入口单向阀；（4）出口单向阀；（5）阻尼器；（6）至色谱柱

时有四个流动相进入流路，按照预先设定的配比进行混合，依靠电磁阀的快速切换使泵分段输送不同流动相，可以做梯度洗脱。在仪器上进行设定之后，在同一样品分析过程中，相隔一段时间后，按照用户的设定自行改变流动相配比，将样品中组分分离开来。

低压梯度的混合比例是通过控制不同流路的电磁阀的开闭时间长短来控制的，理论上混合的比例是准确的，但是实际上电磁阀的开闭会有一个延迟，从而对混合的比例造成影响，尤其是比例相差很大时（如99:1），在低比例流路的电磁阀延迟的时间可能比电磁阀工作的时间还要长，就会直接影响混合的效果，这也是低压梯度混合的缺陷。

（2）高压梯度装置 高压梯度模式通常采用泵后混合，由两个或两个以上高压输液泵分别将两路或两路以上极性不同的溶剂输入混合器，经充分混合后进入色谱分离系统。其优点在于不同流路的流动相各自由独立的高压输液泵控制，可以获得任何形式的梯度程序，并易于实现自动化。

与低压梯度模式相比，泵后混合时溶剂的可压缩性及热力学体积的变化可能会影响输入到色谱柱中的流动相的组成。但多个泵并联，按照预先设定的配比分别送液到泵后的混合室内，在高压下进行混合，混合配比更准确，不易产生气泡，不用为了转换流动相而反复清洗，不仅节省溶剂，也提高了工作效率，无需增加真空脱气机，降低了混合死体积（泵前混合时、混合管、泵头等体积，脱气机内死体积都不可避免）。目前常见的为二元高压梯度装置，其适合于成分复杂的样品分析和重现性较高的测定。

（二）进样系统

进样系统是将试样送入色谱柱的装置。依据"无限直径效应"，如果样品以柱塞式注入色谱柱，因柱的阻力大，样品分子在柱中的分子扩散很小，就能保持高柱效，因此在HPLC体系中强调进样时应将样品定量地快速注入至色谱柱上端的填料中心，形成比较集中的一点。此外，液相色谱仪进样系统要求进样重复性好；进样器死体积小；由进样引起色谱峰扩张小；密封性能好，不得出现泄漏、吸附、渗透，进样时系统压力、流量波动小等。

目前液相色谱仪进样主要有两种方式：一类是手动进样；另一类是自动进样。无论是手动还是自动进样，一般都借助阀进样装置来完成进样操作。图1-9为常见的六通阀进样装置示意图。

采用阀装置进样的柱效比直接加样品在色谱柱上的方式下降5%~10%，但其重复性好，耐高压。

自动进样一般是将六通阀配上样品传送系统、取样系统和程序控制器，由程序控制取样针从样品瓶中自动吸取样品，从1处注入色谱系统，于色谱分析的同时完成洗针和复位动作。自动进样装置的样品量可连续调节，进样重复性高，适合于大量常规样品的分析。

手动进样阀的实物如图1-10所示，LOAD阀位为装填样品状态，注入样品后，将阀旋转到INJECT位置，实现进样。样品的注入方式一般分为满环注入和部分注入两

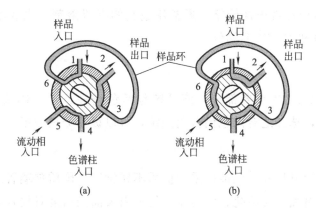

图 1-9 六通阀进样装置示意图

图中阀体通常为不锈钢材料，旋转密封部分有坚硬的合金陶瓷材料制成，既耐磨又密封。

a 为进样入定量环的位置，样品由 1 处注入，多于定量环的部分由 2 处溢出；

随后阀位转动进入 b 上色谱柱的位置，由流动相将定量环内样品带入色谱柱

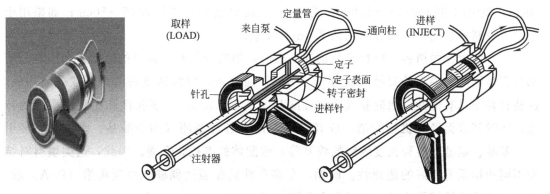

图 1-10 手动进样阀及进样示意图

种。满环注入时，要求用比定量环体积稍多的样品量注入环路，保证定量环满环进样，这种方式重现性较好。部分注入方式通常是在以定量环容量作为最大范围的前提下，通过微量注射器定量注入所需体积的样品量，这种方式的重现性受到微量注射器的计量误差影响，但在注射同一浓度的标准试样作标准曲线时应用便利。

与自动进样相比，手动进样在平时使用时需要特别注意操作和维护，如果使用方法不当易出现谱图变异、标线无线性、漏液等现象。故在使用时需要注意如下事项：

① 手柄处于 LOAD 和 INJECT 之间时，由于暂时堵住了流路，流路中压力骤增，再转到进样位时，过高的压力会对柱头造成损伤，所以应尽快转动手柄，不能停留在中途。

② 部分注入方式进样时，进样量一般最多为定量环容量的 75%；满环注入方式时，进样量以能完全置换定量环内残留的溶液量为准，一般为定量环容量的 3~5 倍。

③ 样品溶液均要用滤膜过滤，防止微粒阻塞进样阀和减少对进样阀的磨损。

④ 注意进样针外壁的清洗，防止交叉污染。

⑤ 每次用完后应冲洗进样管路，通常用适当的有机溶剂、水或不含盐的流动相冲洗，尤其是 LOAD 和 INJECT 阀位。

(三) 分离系统

分离系统是 HPLC 的重要部分，该系统包括色谱柱、连接体系和恒温系统组成。根据分析的目标物，选择适合的色谱分离系统，可以提高分离效果。

1. 色谱柱

(1) 色谱柱的管材尺寸　色谱柱采用优质不锈钢管、硬质玻璃管或钛合金等材料作为管材。不锈钢耐腐蚀、易纯化、耐高压，但其内表面光洁度对柱效影响很大。柱管内若有纵向沟痕或表面不均匀，会引起色谱峰区带扩张，降低柱效。因此，通常需要对不锈钢管材进行内壁抛光，并以 HNO_3 作钝化处理。标准填充柱的长度为 10~50cm（需要两根联用时，可在二者之间加一连接管），柱管内径为 2~5mm，填料粒径 5~10μm，柱效达 5000~10000 块/m 理论塔板数。如使用 3~5μm 粒径的填料，则柱长通常为 5~10cm。如使用内径为 0.5~1.0mm 或 30~50μm 柱管时，柱长为 15~50cm；如果用于半制备或制备色谱，一般柱管内径需 6mm 以上。

(2) 色谱柱的填料　填料是色谱柱的核心，填料的品种、粒径的形状、大小对分离都有明显影响。填料的粒径一般为 5~10μm，通常是由机械强度高的树脂或硅胶构成。这些材料须具有惰性（如硅胶表面的硅酸基团基本已除去）、多孔性和比表面积大的特点，同时其表面经过机械涂渍，或者是化学键合各种基团（如磷酸基、季铵基、羟甲基、苯基、氨基或各种长度碳链的烷基等）或配体的有机化合物。因此，这类填料对结构不同的物质有良好的选择性。例如，在多孔性硅胶表面偶联豌豆凝集素（PSA）后，就可以把成纤维细胞中的一种糖蛋白分离出来。

目前，以化学键合固定相的填料在 HPLC 中最为常见。这种填料以硅胶为基质，采用有机硅烷等与硅胶表面进行化学键合反应，形成 Si—O—Si—C 键型或 Si—O—C 键型。它们结构稳定，耐水，耐光，耐有机溶剂，能在 70℃ 以下使用，pH 范围 2~8，是性能最佳、应用最广的固定相。

相比于常规涂渍固定相，化学键合固定相具有如下优点：

① 寿命长，化学键合，无固定液流失，耐流动相冲击，耐水，耐光，耐有机溶剂，稳定；

② 传质快，表面无液坑，比一般液体固定相传质快；

③ 选择性好，可键合不同官能团，提高选择性；

④ 有利于梯度洗脱。

(3) 色谱柱的填充　色谱柱填充质量的好坏直接影响填充柱的柱效，因此，色谱柱的填充方式及效果对于 HPLC 体系而言也是极其重要的。一根填充质量较高的色谱柱，通常其理论塔板数应该达到 2000~3000 块/m，根据固定相填料粒径的大小，可分为湿法装柱和干法装柱两种。一般粒径大于 20μm 的（多用于制备色谱），可用干法装柱，

而粒径小于 $10\mu m$ 的，由于随着粒径的缩小，静电作用和表面能的加大，粒子间倾向于聚集和"黏结"，若以干法填装，它们会黏附在连接管及柱壁上，也会因强烈的静电作用彼此排斥，因而难以填装出均匀而紧密的柱床。所以必须改以湿法装填，即将填料悬浮于适宜的液体中消除上述不良作用。

干法装柱是直接往柱管里填入硅胶，然后再轻轻敲打柱子两侧，至硅胶界面不再下降为止，然后填入硅胶至合适高度，最后再用油泵直接抽，这样就会使得柱子装得很结实。接着是用淋洗剂"走柱子"。但需注意的一点是，在干法填装制备液相色谱柱时，不要过分剧烈地振动和敲打。振动和敲打会使填料因自身粒径的不均匀性而产生柱子整体上的不均一性，即较大的填料粒子靠近柱壁，而较细粒径者则倾向集中于柱中心。这种柱内颗粒分布的不均匀性，会导致柱效的降低。比较好的方法是采用少量多次的方法向柱内加入填料，例如每次加入相当于 $3\sim5mm$ 柱床的填料，装一点即垂直地轻轻磕几十下，续加一些填料后，重复上述操作，直至填装完成。

湿法装柱又称匀浆装填法。一般是先把硅胶填料用适当溶剂拌匀后，装填入柱管中，然后再加压用淋洗剂"走柱子"。湿法装柱的关键在于克服在固-液系统中存在因重力而引起的沉降现象，通常采用如下三种方式：①设法寻找与硅胶密度相近的溶液，降低沉降速度；②增加液体的黏度以阻止粒子的下沉；③综合利用前两种方法，尽力减小沉降并尽快地在发生较显著的沉降之前完成装柱操作。湿法装柱的最大优点是色谱柱装得比较结实，没有气泡。

2. 连接体系

色谱柱需要通过适当的连接与 HPLC 仪器形成完整的体系。色谱柱管与柱接头通过过滤片连接，过滤片一般用多孔不锈钢烧结材料，孔径小于填料的粒径，这样既阻挡了流动相中的极小颗粒进入色谱柱，又能保证流动相顺利通过色谱柱。

此外，为了减小死体积和色谱峰的展宽，HPLC 体系中的连接管均为内径 $0.1\sim0.3mm$ 的不锈钢管或 PEEK 管，并且应使用尽可能短及较小内径的管路进行连接。

在色谱柱的连接中，有些体系会使用保护柱（预柱）来防止因流动相和样品中的不溶性颗粒堵塞色谱柱的危害。这种保护柱一般连接在进样器和色谱柱之间，装有填料或过滤片，常被用于去除预处理过程后残留的蛋白质、多糖等成分。如果使用有填料的保护柱，要求选择和分析柱性能相同或相近的填料，但其对峰的保留时间会有影响。无填料的保护柱一般是利用筛板的过滤作用，效果不如有填料的保护柱。

3. 恒温器

柱温可以影响色谱分离效率。一般情况下，提高柱温可以降低流动相的黏度，增加样品在流动相中的溶解度，减小溶质的保留值。常用的柱温控制范围为室温至 $65℃$ 之间。多数样品在室温条件下即可进行分析，但恒定的柱温可以提高保留时间值的重现性，因此在室温变化大的实验室配置恒温箱是很有必要的。目前，商品化的 HPLC 仪器的恒温装置多采用空气循环箱恒温和色谱套柱加热恒温。

（四）检测系统

HPLC 的检测系统是一种信号接收和能量转换的装置，其通过将色谱柱中流出物的组成和含量变化转化为可供检测的信号，实现定性定量的目标。高效液相色谱常用的检测器有很多，按照用途分类有通用型和选择型两类，其中通用型的检测器有示差折光、火焰离子化及电容等；而选择性检测器则有紫外吸收、紫外可见分光、荧光、化学发光、安培法、极谱法等。通用型检测器主要针对任何有机物都存在的物理量（如折射指数、介电常数）进行监测，具有广泛的适应性，但灵敏度相对较低。选择性检测大多针对被测物质的特异性响应进行检测，不会受流动相或操作条件变化的影响。

按检测性质分，检测器可分为浓度型和质量型，前者与溶质在溶液中的浓度有关，是一种测定总体性质的检测器，典型的有紫外吸收、示差折光和荧光等。后者则与待测物的质量有关，如氢火焰检测器、库仑检测器都属于质量型。

若按测量原理分，检测器又可分为光学检测器和电学检测器。

1. 紫外可见吸收检测器

紫外可见吸收检测器（ultraviolet-visible detector，UV-Vis）是 HPLC 中应用最广泛的检测器之一，几乎所有的液相色谱仪都配有这种检测器。其作用原理是基于被分析试样组分对特定波长紫外光的选择性吸收，组分浓度与吸光度的关系遵守比尔定律。UV-Vis 是最常用的检测器，对大部分有机化合物有响应。

UV-Vis 检测器的特点如下：

a. 灵敏度高，其最小检测量 10^{-9} g/mL，故即使对紫外光吸收很弱的物质，也可以检测；

b. 线性范围宽（比尔定律）；

c. 流通池可做得很小（1mm×10mm，容积 8μL）；

d. 对流动相的流速和温度变化不敏感，可用于梯度洗脱；

e. 波长可选，易于操作，如，使用装有流通池的可见紫外分光光度计（可变波长检测器）。

缺点：对紫外光完全不吸收的试样不能检测；同时溶剂的选择受到限制。

紫外可见检测器的工作原理与结构同一般分光光度计相似，实际上就是装有流动池的紫外可见光度计。UV-Vis 检测器可分为紫外吸收检测器和二极管阵列检测器两种。

（1）紫外吸收检测器　紫外吸收检测器（图 1-11）常用氘灯作光源，氘灯则发射出紫外-可见区范围的连续波长，并安装一个光栅型单色器，其波长选择范围宽（190～800nm）。它有两个流通池，一个作参比，一个作测量用。光源发出的紫外光照射到流通池上，若两流通池都通过纯的均匀溶剂，则它们在紫外波长下几乎无吸收，光电管上接受到的辐射强度相等，无信号输出。当组分进入测量池时，吸收一定的紫外光，使两光电管接受到的辐射强度不等，这时有信号输出，输出信号大小与组分浓度有关。

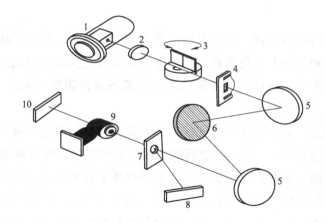

图 1-11　紫外吸收检测器示意图

1—氘灯；2—透镜；3—滤光片；4—狭缝；5—反射镜；6—光栅；7—分束器；

8—参比光电二极管；9—流通池；10—样品光电二极管

　　UV-Vis 检测器的局限为流动相的选择受到一定限制，即具有一定紫外吸收的溶剂不能作流动相。每种溶剂都有截止波长，当小于该截止波长的紫外光通过溶剂时，溶剂的透光率降至 10% 以下，因此，紫外吸收检测器的工作波长不能小于溶剂的截止波长。

　　(2) 光电二极管阵列检测器　光电二极管阵列检测器 (photodiode array detector, PDAD) 也称快速扫描紫外可见分光检测器，是一种新型的光吸收式检测器 (图 1-12)。20 世纪 80 年代中期，用一系列 (1024 个或 512 个) 的光电二极管取代了传统的光电倍增管，在一次色谱操作中可同时获得多波长的吸光度，并且可以采用现代微机技术将各组分的保留时间、吸收波长和吸光度汇合到一起，绘制三维谱图，提供既定量又定性的色谱信息。它采用光电二极管阵列作为检测元件，构成多通道并行工作，同时检测由光栅分光，再入射到阵列式接收器上的全部波长的光信号，然后对二极管阵列快速扫描采集数据，得到吸光度 (A) 是保留时间 (t_R) 和波长 (l) 函数的三维色谱光谱图。由此可及时观察与每一组分的色谱图相应的光谱数据，从而迅速决定具有最佳选择性和灵

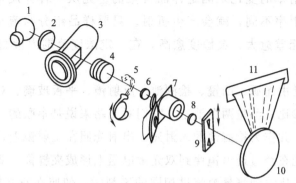

图 1-12　二极管阵列检测器光路示意图

1—钨灯；2—偶合透镜；3—氘灯；4—消色差透镜；5—光闸；6—光学透镜；7—样品流通池；

8—光学透镜；9—狭缝；10—全息凹面衍射光栅；11—二极管阵列检测元件

敏度的波长。

单光束二极管阵列检测器，光源发出的光先通过检测池，透射光由全息光栅色散成多色光，照射到阵列元件上，使所有波长的光在接收器上同时被检测。阵列式接收器上的光信号用电子学的方法快速扫描提取出来，每幅图像仅需要 10ms，远远超过色谱流出峰的速度，因此可随峰扫描。

传统的紫外检测器每次进样只能完成单一波长扫描，而利用二极管阵列检测器可以在一次程序运行中进行 190～800nm 之间的全波长立体扫描，并可在数据采集完成后显示某一波长的色谱图。因此，可以实现利用被测物质的光谱吸收曲线的模式图形状、最大吸收波长、色谱峰纯度分析、导数光谱辅助定性及快速选择最佳检测波长等方面的优势，从而弥补利用单一紫外波长吸收进行色谱分析过程中单独采用色谱峰保留时间定性的不足，增强高效液相色谱定性分析能力。二极管阵列检测器与紫外可见吸收检测器的比较如表 1-2 所示，相比之下，PDAD 在辅助定性上具有优势，可以弥补 UV-Vis 的不足，而 UV-Vis 的灵敏度较高，信噪比更出色。

表 1-2　UV-Vis 与 PDAD 的比较

项　目	紫外可见光检测器	二极管阵列检测器
噪声	0.35×10^{-5} AU 0.75×10^{-5} AU	1.5×10^{-5} AU 1×10^{-5} AU
波长范围	190～700nm 190～600nm	190～800nm 190～950nm
优点	灵敏度高,操作简便,不需专用软件	同时得到二维谱图,可辅助定性

2. 示差折光检测器

示差折光检测器（differential refractive Index detector，RID）是一种浓度型通用检测器，对所有溶质都有响应，某些不能用选择性检测器检测的组分，如高分子化合物、糖类、脂肪烷烃等，可用示差检测器检测。示差检测器是基于连续测定样品流路和参比流路之间折射率的变化来测定样品含量的。光从一种介质进入另一种介质时，由于两种物质的折射率不同，就会产生折射。只要样品组分与流动相的折射率不同，就可被检测，二者相差愈大，灵敏度愈高，在一定浓度范围内检测器的输出与溶质浓度成正比。

检测器的光路是由光源、凸镜、检测池、反射镜、平板玻璃、双光敏电阻等主要部件组成，检测池有参比，测量两个池室，它们对光路来说是串联的。光源通过聚光镜和夹缝在光栅前成像，并作为检测池的入射光，出射光照在反射镜上，光被反射，又入射到检测池上，出射光在经过透射镜照到双光敏电阻上形成夹缝像。双光敏电阻是测量电桥的两个桥臂，当参比池和测量池流过相同的溶剂时，使照在双光敏电阻的光量相同，此时桥路平衡，输出为零。当测量池中流过被测样品时，引起折射率变化，使照在双光电阻上的光束发生偏转，双光敏电阻值发生变化，此时由电桥输出讯号，即反映了样品浓度的变化情况。在偏转式示差折光检测器中，光路在通过两个装有不同液体的检测池时发生偏转，偏转的大小与两种液体之间折射率的差异成比例。光路的偏转由光敏元件上的位移测得，显示了折射率的不同（图1-13）。

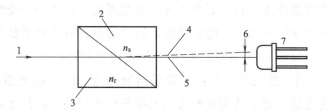

图 1-13　偏转式示差折光检测器的检测原理

n_s 为样品腔中样品的折射率；n_r 为参比腔中液体的折射率；

1—光束；2—样品腔；3—参比腔；4—$n_r > n_s$ 时的光束；

5—$n_r = n_s$ 时的光束；6—位移；7—光敏接收元件

在光学系统中采用多种精密装置，提高了运行的稳定性，也使检测器更加精致（图1-14）。从钨灯发出来的光束经过聚光透镜、狭缝1、准直镜和狭缝2，然后透过流通池，经零位玻璃调节器后在光敏元件上显示影像。

当检测池的样品和参比的折射率发生变化时，光敏元件上的影像水平移动，如图1-14所示，由光敏接收元件各自发出的电信号的变化与影像成比例。因此，可由两信号输出的差异获得与折射率的差异相对应的信号。

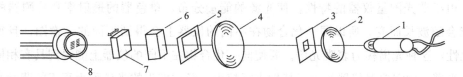

图 1-14　光学系统

1—光源；2—聚光透镜；3—狭缝1；4—准直透镜；5—狭缝2；

6—流通池；7—零位玻璃；8—光敏接收元件

RID的优点在于绝大多数物质的折射率与流动相都有差异，所以RID是一种通用的检测方法。虽然其灵敏度与其他检测方法相比要低1～3个数量级，但对于那些无紫外吸收的有机物（如高分子化合物、糖类、脂肪烷烃）是比较适合的，所以其在凝胶色谱中是必备检测器，在制备色谱中也经常使用。其缺点主要是灵敏度很低，并且不能用于梯度洗脱系统。

3. 荧光检测器

荧光检测器（fluorescence detector，FD）属于溶质型检测器，是一种高灵敏度、有选择性、可直接定量的检测器。FD利用光致发光的原理进行检测。研究表明，某些物质吸收了与它本身特征频率相同的光线以后，原子中的电子从基态中的最低振动能级跃迁到较高的振动能级。电子在同类分子或其他分子中撞击，消耗了相当的能量，从而下降到第一电子激发态中的最低振动能级，能量的这种转移形式称为无辐射跃迁。由最低振动能级下降到基态中的某些不同能级，同时发出比原来吸收的频率低、波长长的一种光，就是荧光。被化合物吸收的光称为激发光，产生的荧光称为发射光。荧光的波长总要大于分子吸收的紫外光波长，通常在可见光范围内。由于一个受激发的分子回到基态时可能以无辐射跃迁的形式产生能量损失，因而发射辐射的光子数通常都少于吸收辐射的光子数，以量子效率 Q 来表示。对可用荧光检测的物质来说，Q 值一般在 0.1～0.9 之间。对于稀溶液，荧光强度与荧光物质溶液浓度、摩尔吸光系数、吸收池厚度、入射光强度、荧光的量子效率及荧光的收集效率等成正相关。在其他因素保持不变的条件下，物质的荧光强度与该物质溶液浓度成正比，这是荧光检测器的定量基础。

荧光涉及光的吸收和发射两个过程。任何能产生荧光的化合物，都需选择合适的激发光波长 λ_{Ex}，以利于检测。激发波长可通过荧光化合物的激发光谱来确定。激发光谱的具体检测办法是通过扫描激发单色器，使不同波长的入射光激发荧光化合物，产生的荧光通过固定波长的发射单色器，由光检测元件检测。最终得到荧光强度对激发波长的关系曲线，就是激发光谱。在激发光谱曲线的最大波长处，处于激发态的分子数目最多，即所吸收的光能量也最多，能产生最强的荧光。当考虑灵敏度时，测定应选择最大激发波长。一般所说的荧光光谱，实际上仅指荧光发射光谱。它是在激发单色器波长固定时，发射单色器进行波长扫描所得的荧光强度随荧光波长（即发射波长，λ_{Em}）变化的曲线。荧光光谱可供鉴别荧光物质，并作为荧光测定时选择合适的测定波长的依据。另外，由于荧光测量仪器的特性，使光源的能量分布、单色器的透射率和检测器的响应等性能会随波长而变，所以同一化合物在不同的仪器上会得到不同的光谱图，且彼此间无类比性，这种光谱称为表观光谱。要使同一化合物在不同的仪器上能得到具有相同特性的荧光光谱，则需要对仪器的上述特性进行校正。经过校正的光谱称为真正的荧光光谱。

综上所述，激发波长和发射波长是荧光检测的必要参数。选择合适的激发波长和发射波长，对检测的灵敏度和选择性都很重要，尤其是可以较大程度地提高检测灵敏度。但是，荧光的性质与分子结构有密切关系，不同结构的分子被激发后，并不是都能发射荧光。某些不发荧光的物质可通过化学衍生化生成荧光衍生物，再进行荧光检测。

与其他检测器相比，FD 的最小检测浓度可达 0.1ng/mL，适用于痕量分析；一般情况下 FD 的灵敏度比紫外检测器约高 2 个数量级，但其线性范围不如紫外检测器宽。近年来，激光诱导荧光检测器在痕量和超痕量分析中得到广泛应用，其采用单色性和聚光性能好的激光被作为荧光检测器的光源，利用激光作为相干光源具有较高的光子流量的特征极大地增强了荧光检测的信噪比，因而具有很高的灵敏度。

4. 电化学检测器

电化学检测器（electrochemical detector，ECD）是根据电化学原理和物质的电化学性质进行检测的。在液相色谱中对那些没有紫外吸收或不能发出荧光但具有电化学活性的物质，可采用电化学检测法。若在分离柱后采用衍生技术，还可将它扩展到非电化学活性物质的检测。早在 1952 年波兰科学家 Wiktor Kemula 就将极谱技术用于液相色谱的检测，但那时该技术发展缓慢。后来，对哺乳动物中枢神经系统代谢物的研究刺激了液相色谱电化学检测器的现代发展。自从 1974 年第一台商品化的液相色谱电化学检测器出现后，一系列其他领域的应用逐渐发展。目前液相色谱电化学检测器已在生化、医学、食品、环境分析等领域获得广泛的应用。虽然按应用数量而言，电化学检测器排在紫外吸收、荧光和示差折光检测器之后占第四位，但是由于电化学检测器的高选择性、高灵敏度和低造价等优点，在液相色谱检测中发挥着不可替代的作用。

电化学检测器主要有安培、极谱、库仑和电导检测器四种。前三种统称为伏安检测器，以测量电解电流的大小为基础，后者则以测量液体的电阻变化为依据。其中，以安培检测器的应用最为广泛。此外，属于电化学检测器的，还有依据测量流出物电容量变化的电容检测器，依据测量电池电动势大小的电位检测器。另外，按照测量参数的不同，电化学检测器又可分为两类，即：测量溶液整体性质的检测器，包括电导检测器和电容检测器；以及测量溶质组分性质的检测器，包括安培、极谱、库仑和电位检测器。一般来说，前者通用性强，而后者具有较高的灵敏度和选择性。目前，电化学检测器已在各种无机和有机阴阳离子、生物组织和体液的代谢物、食品添加剂、环境污染物、生化制品、农药及医药等的测定中获得了广泛的应用。其中，电导检测器在离子色谱中应用最多。

电化学检测器的优点如下：

① 灵敏度高，最小检测量一般为 ng 级，有的可达 pg 级；

② 选择性好，可测定大量非电化学活性物质中极痕量的电化学活性物质；

③ 线性范围宽，一般为 4～5 个数量级；

④ 设备简单，成本较低；

⑤ 易于自动操作。

5. 化学发光检测器

化学发光检测器（chemiluminescence detector，CLD）是近年来发展起来的一种快速、灵敏的新型检测器，因其设备简单、价廉、线性范围宽等优点。其原理是基于某些物质在常温下进行化学反应，生成处于激发态势反应中间体或反应产物，当它们从激发态返回基态时，就发射出光子。由于物质激发态的能量是来自化学反应，故叫作化学发光。当分离组分从色谱柱中洗脱出来后，立即与适当的化学发光试剂混合，引起化学反应，导致发光物质产生辐射，其光强度与该物质的浓度成正比。

这种检测器不需要光源，也不需要复杂的光学系统，只要有恒流泵，将化学发光试剂以一定的流速泵入混合器中，使之与柱流出物迅速而又均匀地混合产生化学发光，通过光电倍增管将光信号变成电信号，就可进行检测。这种检测器的最小检出量可达 $10\sim12g$。CLD 与其他检测器相比，有以下优点：①因它背景光十分弱，是暗背景发光，所以灵敏度高；②它仅对被测组分有响应，其他组分无响应，所以选择性好；③样品可直接分析，使分析方法简化，特别是可省去复杂、费时的样品前处理。CLD 的缺点是：①价格较高；②使用的反应气或化学发光反应产物经常是危险性的气体。

6. 蒸发光散射检测器

20 世纪 90 年代出现的蒸发光散射检测器（evaporative light-scattering detector, ELSD）是一种通用型检测器，能检测不含发色团的化合物，如：碳水化合物、脂类、聚合物、未衍生脂肪酸和氨基酸、表面活性剂、药物（人参皂苷、黄芪甲苷），并在没有标准品和化合物结构参数未知的情况下检测未知化合物。

ELSD 的原理为在粒子数量不变的条件下，光散射强度正比于由溶质浓度决定的粒子大小。ELSD 检测主要包括三个步骤：首先用惰性气体将柱洗脱液雾化形成气溶胶，然后在加热的漂移管中将溶剂蒸发，最后余下的不挥发性溶质颗粒在光散射检测池中得到检测。

ELSD 一般都是由三部分组成，即雾化器、加热漂移管和光散射池。雾化器与分析柱出口直接相连，柱洗脱液进入雾化器针管，在针的末端，洗脱液和充入的气体（通常为氮气）混合形成均匀的微小液滴，可通过调节气体和流动相的流速来调节雾化器产生的液滴大小。漂移管的作用在于使气溶胶中的易挥发组分挥发，流动相中的不挥发成分经过漂移管进入光散射池。在光散池中，样品颗粒散射光源发出的光经检测器检测产生光电信号。

影响蒸发光散射检测器的因素有如下几点：

（1）漂移管温度的影响　随温度升高，流动相蒸发趋向完全，信噪比升高，但温度过高可能导致组分部分化而使信号变小。最优温度应是在流动相基本蒸发的基础上，产生可接受噪声的最低温度。

（2）载气流速对响应值的影响　随气体流速的增大，响应值随之减小。因为一般漂移粒子的数目基本不变，大小由气体流速决定，流速大，粒子小，散射光弱，响应值小。最优气体流速应是在可接受噪声的基础上，产生最大响应的最低气体流速。提高管温和降低流速可使信噪比上升，但温度过高或流速过低，噪声增大的趋势大于响应值增大的趋势，致信噪比下降。

（3）盐对基线噪声的影响　对高浓度的盐，盐的不完全挥发会造成基线升高，使样品响应值受气体流速的影响相对变小；对低浓度的盐，盐较容易完全挥发使响应值受其影响较大。对用作缓冲体系的盐既要容易挥发，又要具有好的纯度，一般盐的挥发性越大，所需的气体流速和漂移管温度越低。

与其他检测器相比，ELSD 的响应不依赖样品的光学特性，任何挥发性低于流动相的样品均能被检测，不受其官能团的影响；作为通用型检测器，ELSD 的灵敏度比示差折光检测器高，对温度变化不敏感，基线稳定，适合与梯度洗脱液相色谱联用。但是，ELSD 不适合测定可挥发和半挥发性化合物，并且流动相必须是可挥发的，如果流动相含有缓冲液，则必须使用挥发性盐如醋酸铵等，而且浓度要尽可能低。

（五）数据处理系统

该系统可对测试数据进行采集、存储、显示、打印和处理等操作，使样品的分离、制备或鉴定工作能正确开展。随着计算机的普及，HPLC 的数据处理主要由计算机及相应的色谱工作站完成。

目前，不同 HPLC 仪器厂家均研发了各自不同的色谱工作站，虽然界面和操作相差极大，但主要的功能模式是类似的，大致包括状态诊断、操作控制、数据谱图处理等。

（1）状态诊断　对 HPLC 的整体运行进行监控，并以模拟图形的方式显示诊断结果，协助使用者及时判断仪器的故障并采取相应的措施。

（2）操作控制　所有参数的控制均由色谱工作站的图形操作界面完成，使用者可以在工作站设定或更改诸如流动相流量、梯度洗脱程序、柱温箱温度、检测器灵敏度、激发波长、吸收波长等参数，并具备大量样品序列运行控制及序列完成后的自动关机操作等功能。

（3）数据谱图处理　可对检测结果作在线实时分析或离线统计处理。可以清晰显示色谱流出曲线，自动标注保留时间，按一定原则计算峰面积、峰高和半峰宽，集成有归一化法、内标法和外标法等经典的统计数据处理模块。而且可以按照应用的需要对谱图进行放大、缩小、合并峰、叠加多重峰的操作，柱效、分离度、拖尾因子和工作曲线的计算均可在使用者的规范下自动完成。

二、液相色谱仪的发展方向

自 20 世纪 70 年代以来，高效液相色谱技术经历了快速的发展，在石油化工、有机合成、医药卫生、农业、食品、环境保护等领域获得了广泛应用。目前，近 80% 的有机化合物均可采用 HPLC 进行检测分析。然而，随着药物领域的高通量筛选、食品领域的快速检测以及环境领域的及时监控等检测需求的不断拓展，对 HPLC 在更高通量和更优性能的发展方面提出了新的要求。

2004 年，Waters 公司推出了 ACQUITY UPLC 超高效液相色谱仪并带动亚 $2\mu m$ 色谱柱快速发展；2005～2006 年，赛默飞公司推出了 LTQ Orbitrap，不仅作为一种新型高分辨质谱仪问世，同时作为检测器，推动了液相色谱-高分辨质谱联用在更广泛领域的应用；2007～2008 年，多孔核壳颗粒和 HILIC 色谱柱引起人们的关注；2009～2011 年，用于手性分离的多糖固定相及生物分子色谱柱开始进入人们的视野。纵观近 10 年的发展，为了趋近快速、超高效的目标，HPLC 在色谱柱及固定相、超高压输液泵及高速采样检测器等方面体现出了新的发展趋势。

（一）色谱柱及固定相的发展

HPLC 色谱柱是色谱系统的核心。制药、食品和环境的需求一直是 HPLC 色谱柱向高速、高分辨率、更好的峰形发展的主要驱动力。从 20 世纪 70 年代到 90 年代，在填充材料的标准颗粒尺度（10～3μm）的逐级缩小方面已经有稳定的改进。80 年代后期，高纯度 B 型硅材料（低金属含量）的引入是一个巨大进步，减小了硅醇的活性，并在批次间的一致性方面有重大改进。现在高纯硅的使用是所有现代硅胶基质色谱柱的标准。

近年来，很多学者综述了 HPLC 色谱柱技术的进展，表 1-3 总结了重大行业使用率较高的，用于提高生产力、稳定性、选择性、保留时间或专业应用的色谱柱。

表 1-3　影响较大的重要 HPLC 色谱柱的研究进展

HPLC 色谱柱重要研究进展	评　论
亚 2μm 颗粒	全孔亚 2μm 颗粒产生较低的塔板高度和高的塔板效率。十多家供应商提供超过 80 种可用的化学反应,包括离子交换、尺寸排阻等
亚 3μm 核壳颗粒	表面多孔型亚 3μm 颗粒在低柱压条件下提供改善的质量传递和较低的塔板高度。增加了在药物分析中的使用案例
混合硅颗粒	创新的颗粒提高色谱柱的化学稳定性(扩大 pH 范围、温度和压力性能,亲硅醇基活性)
新奇的键合化学反应	多官能团的硅烷化学、极性嵌入式键合相、五氟苯酚(PFP)、苯基-己基、表面带电杂化(CSH)相,提供"正交"分离,选择性增强(与传统的 C_{18} 键合相相比)
亲水作用色谱(HILIC)	反相色谱的"正交"分离对强极性化合物和次生代谢物有用
用于手性分离的多糖固定相	多糖手性固定相使得通常的色谱柱具有多用性和抗污染性
生物分子色谱柱	创新的核壳结构和 UHPLC 大孔径固定相可以有效改善蛋白质和治疗性生物分子(如 mAbs)的分析

1. 亚 2μm 颗粒

1956 年，Van Deemter 就给出了使用非常小的颗粒进行快速、高效分离的预测。在过去几年中，典型填料的粒径不断减小，21 世纪初的研究主要集中在亚 2μm 的硅胶颗粒上。正如预测的那样，这些粒子（例如，1.7μm）可以产生卓越的性能（约 280000 块塔板/m 或约 4μm/块塔板）。然而，填充亚 2μm 粒子的色谱柱会产生高的背压，通常采用填充内径为 2.1mm 的色谱柱的方式，通过黏性发热减小效率损失。对高压力和低分散（减少附加柱的谱带展宽）系统的要求导致了现代 UHPLC 系统的特点。进一步降低粒径至小于 1.5μm 可能会产生更高的速度和性能。然而，它也必须伴随着系统压力的大幅增加和毛细管色谱柱内径的减小。

2. 核壳结构颗粒 Kirkland

熔融的核或者核壳粒子可以减小质量转移过程中的阻力。近年来研发的第一个核壳粒子具有如下特点：2.7μm 表面多孔硅材料，无孔的核心（1.7μm）和多孔的壳层（厚 0.5μm）。这些亚 3μm 的颗粒与亚 2μm 的完全多孔材料相比似乎具有相似的效率，但是可以产生更低的压降。这种特殊的性能可能是由于壳体较短的扩散路径，或者比较狭窄的填料分布。由于快速分离和在生物分子方面的应用，核壳色谱柱迅速获得广泛的接受。越来越多的制造商可以提供各种键合相和不同尺寸的粒子（1.3μm，1.7μm，2.6μm，1.3μm 和 5μm）。因此，与多孔微细颗粒的色谱柱相比，这些色谱柱在所有应用中具有很强的竞争力。

3. 杂化

将有机基团引入到无机硅基体中形成杂交颗粒的理念在 20 世纪 70 年代首次由 Unger 提出，然而第一根具有甲基基团的商业化的色谱柱在 1999 年才正式推出。与传统 pH 范围为 2～8 的具有常规单功能键合的硅颗粒相比，这些混合物中的键合相被证明具有很好的 pH 稳定性（pH 范围为 1～12）和较低的亲硅羟基活性。2005 年，引入第二代桥联乙烯杂化（BEH），在高 pH 值流动相以及 UHPLC 的应用上获得了极好的反响。

迄今为止，传统单官能团的 C_{18} 硅胶基质键合相由于批次之间重现性较好，仍是应用领域主要的产品。但是，新的键合化学反应使困难的分离（如极性嵌入式、苯基、己基苯基、氰基、戊烷氟苯基键合）的 pH 值稳定范围更宽（多官能的硅烷化学键或异丙基保护的硅烷），选择性增强。最近的一个创新方法称为表面带电杂化（CSH）技术，该项技术于 2010 年引入，由于在酸性、低离子强度流动相（如 0.1% 甲酸）条件下，对高碱性分析物的峰形的改善，该项技术立即在药物分析领域获得了很好的接受度。

4. 亲水作用色谱（HILIC）

在反相 HPLC 条件下，若流动相中有机物含量比较低，就会导致相坍塌现象（键合相脱水），许多强极性化合物就无法获得足够的保留时间或者会存在问题。20 世纪 90 年代由 Alpert 首次开发了 HILIC 模式，使用亲水固定相（硅、二醇、氰基、氨基、两性离子等），以水和乙腈作为流动相，在极性药物分析、辅助药物代谢、氨基酸、多肽、神经递质、低聚糖、碳水化合物、核苷酸或核苷方面的分析中越来越受欢迎。HILIC 的实际保留机制可以认为是分析物分子"分区"到附着在亲水结合基团的水层。与 RPLC 相比，HILIC 其他突出的优势包括"正交"选择性（样品制备兼容两种模式），对质谱具有更高的电喷雾离子化灵敏度（5～15 倍），较低的操作压力。

5. 固定化多糖手性固定相

成功包覆的多糖手性固定相（CSPs）的改进模式在 20 世纪末实现。与早期的 CSPs 具有相似的多功能，但是对于腐蚀性的溶剂具有更好的稳定性，可用于正相、极性有机和反相模式。

6. 用于生物分子的色谱柱

20 世纪 80 年代发展起来的大孔径硅和聚合物填料可有效完成大型生物分子的分离。随着重组蛋白如单克隆抗体（mAb）等生物制药技术的出现，质量控制中利用 HPLC 和毛细管电泳进行详细表征的需求变得更加紧迫。最近，亚 $2\mu m$ 微粒和核壳大孔径颗粒以及一些创新的离子交换和尺寸排阻等材料也被证明可以有效地分离这些大分子的生物制剂。

（二）高压输送系统的发展

1. UHPLC 概念的应用

高压输液系统的发展与色谱柱及固定相的小粒径发展是密不可分的。亚 $2\mu m$ 色谱柱的高柱效必然要求更高的压力进行液体输送，只有较高的系统压力才能使更小微粒填充的柱子得到更快的分析速度或复杂样品更出色的分离。超高效液相色谱（UHPLC）的革命性创新始于 1997 年 James Jorgenson 教授在概念验证方面的研究，紧接着第一个商业化系统于 2004 年推出。现如今，从 HPLC 到 UHPLC 的转化大部分都是由主要制造商完成，这些制造商目前都可以供应某种类型的 UHPLC 产品。UHPLC 在药物分析、食品安全等领域体现出了巨大的应用优势。表 1-4 概述了 UHPLC 的突出特点和优势。

表 1-4　UHPLC 的突出特点和优势

UHPLC 的系统特点	范围和评论
最高压力限制	15000～19000psi(1000～1250bar)，流速 2～5mL/min。兼容传统的色谱柱和亚 $2\mu m$ 颗粒的色谱柱
低系统色散	根据仪器配置，仪器带宽 5～20μL(4σ)，使用较小的连接管(内径<0.005 英寸)和小 UV 流通池(0.5～2μL)，减小系统频带展宽。兼容 ID 低至 2～3mm 的色谱柱
低的梯度保留体积	100～400μL(对于四元液相泵会更高)，兼容高通量筛选(HTS)。保留(混合)体积小可能影响 UV 检测器噪声
其他	HTS 快速的注射周期(约 20s)和检测响应，以及高的采集率(>40pt/s)，兼容目前的 HPLC 方法需求(如流量范围、柱温箱尺寸、进样环路)
UHPLC 的优势	评论
高通量	在保持相似分辨率的情况下，与传统的 HPLC 方法相比，通量提高 3～10 倍。如纯度分析 5min(UHPLC)/20min(HPLC)
快速方法开发	短色谱柱，快速分析是色谱柱和流动相快速筛选及方法优化的理想选择
高分辨	相对于 HPLC，分辨率提高 3 倍，比如峰容量(Pc)400～600(HPLC 为 200)
溶剂节省	分析时间短，使用较小 ID 的色谱柱，相较于 HPLC 溶剂节省 5～15 倍
高灵敏度	质量灵敏度增加 3～10 倍(样品注入量减少)。长路径 UV 流通池(50～60min)可以将浓度灵敏度提高 6 倍
高精度	保留时间(2～3 倍)和峰面积精密度(<1%RSD，进样体积>1μL)显著增加
可以与其他的方法联用	UHPLC 兼容高温 LC,2D-LC 或者核壳色谱柱(单一或者组合联用)

与传统的 HPLC 相比，UHPLC 具有分析速度快的优势，图 1-15 展示了一种药物分析由 HPLC 方法转移为 UHPLC 方法的谱图对比。从 HPLC 到 UHPLC，根据几何尺寸按比例缩放色谱柱及操作参数，可以在相同分辨率的情况下将分析时间减少 10 倍，这并不罕见。"保证好的分辨率的情况下进行更快的分析"是大多数用户考虑购买更昂贵的 UHPLC 设备的主要原因。

UHPLC 另一个重要的优势是其对复杂样品卓越的分离能力。峰容量是分辨率为 1.0 时色谱图上可以分辨的色谱峰个数；通常传统的 HPLC 为 200 个左右，而 UHPLC

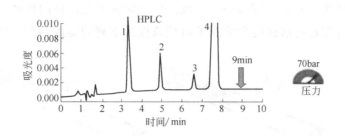

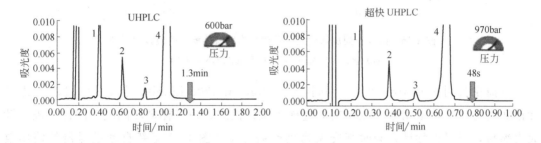

图 1-15　以商业制药配方（Rapidocain）质量控制分析为例：

从传统的 HPLC 到 UHPLC 使用几何比例缩放

峰识别：1—对羟基苯甲酸甲酯；2—2,6-二甲基苯胺；3—尼泊金丙酯；4—利多卡因

HPLC 条件：色谱柱 RP18 150×4.6mm，5μm，$F=1$mL/min，$V_{inj}=20$μL

UHPLC 条件：色谱柱 RP18 50×2.1mm，1.7μm，$F=600$μL/min，$V_{inj}=1.4$μL

超快 UHPLC 条件：色谱柱 RP18 50×2.1mm，1.7μm，$F=1000$μL/min，$V_{inj}=1.4$μL

可以在单一维度，对复杂的药品、天然产物和其他样品基质提供＞300 的峰容量。

　　UHPLC 的其他优势还包括节省溶剂（5～15 倍），增强质量灵敏度（3～10 倍），以及在保留时间（2～3 倍）和峰面积（＜0.1％RSD）方面的卓越性能。但是，UHPLC 不会增加浓度灵敏度（最理想的一种灵敏度），因为质量敏感度（分析物注入量）主要与柱的空隙体积有关，无法通过使用小的流通池来增加信噪比，除非延长流通池的路径长度（如 60mm）。

2. 输送系统附件的改进

　　此外，为了实现高通量、高重现性的应用，输液系统的其他部分也需要进行相应的改变，如使用改良的进样器和恒温器、内径较小的管路系统［＜0.005 英寸（1 英寸＝2.54cm）］、更小的紫外检测器流动池（0.5～2μL），以保证 UHPLC 有比较低的系统扩散、更小的系统死体积（0.1～0.3mL）和更快的检测器响应/数据采集速率（＞40pt/s）。2015 年匹兹堡分析化学与应用光谱会议（Pittcon，2015）上，具有更高的操作耐压、更低的样品扩散、更新颖的色谱柱柱温箱设计以及更加快速循环的自动进样器的第二代 UHPLC 产品层出不穷，这也证实了这种发展趋势。如赛默飞公司在会上展出的 Vanquish UHPLC 将普通的风扇强制循环对流传热模式改为直接传导加热模式，改善了色谱柱内部形成温度梯度的问题。图 1-16 是使用两种不同加热模式时色谱柱内部流体流型的模拟示意图。从图 1-16 可以看出，采用直接传导加热模式时色谱柱内没

有形成温度梯度［见图 1-16（a）］，最大化地保证了色谱柱的柱效；而采用风扇强制循环对流传热模式时色谱柱内部形成了对柱效极为不利的温度梯度［图 1-16（b）］。

(a)   (b)

图 1-16　两种不同加热模式时色谱柱内部流体流型的模拟示意图

（a）直接传导加热；（b）风扇强制循环对流传热

安捷伦公司在 Pittcon 2015 上新推出的 Agilent 1290 Infinity Ⅱ UHPLC 则对进样针模式进行改进，采用独立流路的双进样针设计模式，使进样循环间隔时间比单进样针大大缩短，可以以秒计，同时其交叉污染＜9mg/L。图 1-17 是新自动进样器的使用效果示意图。

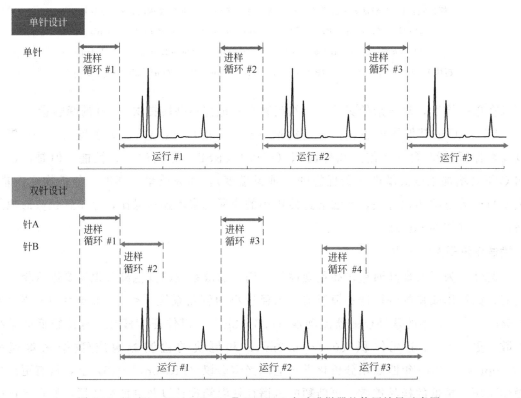

图 1-17　Agilent 1290 Infinity Ⅱ UHPLC 自动进样器的使用效果示意图

3. 超临界流体输送系统的发展

超临界流体色谱（supercritical fluid chromatography，SFC）是以超临界流体作为流动相的色谱方法，是 20 世纪 80 年代以来发展迅速的一个色谱分支。所谓超临界流体，是指在高于临界压力和临界温度时的一种物质状态。它既不是气体，也不是液体，但它兼有气体的低黏度、液体的高密度以及介于气、液之间较高的扩散系数等特性。从理论上说，SFC 既可以分析 GC 法难以处理的高沸点、不挥发性样品，又有比 HPLC 法更高的柱效和更短的分离时间，且可使用二者常用的检测器，也可与 MS、FT-IR 光谱仪等在线连接，因而可以方便地进行定性、定量分析。因此，超临界流体的出现，使液相色谱的分析更为全面。

图 1-18 为以 CO_2 为流动相的超临界流体仪器，其中 CO_2 泵溶剂输送单元，仅用于 CO_2 流体，用作萃取和分离分析的流动相，其内置一个制冷泵头控制器，以实现在恒定温度下输送 CO_2 流体。BPR 为背压调节器，用于为 SFE 和 SFC 系统流路保持一定压力。当用液体二氧化碳作为流动相时，它还具有温度控制功能，以防止因出口处二氧化碳气化吸热而冻结。先进的设计技术降低了该单元的内部体积，使得所有样品均进入质谱检测器，从而得到高灵敏度的分析。SFC 单元通过超临界流体萃取样品中的目标化合物。样品萃取需要专用的萃取器。通过切换流速，可分别实现静态萃取与动态萃取。样品盘中的不同萃取器可分别控温，因此可避免样品在待检过程中发生高温分解。该系统将两个高压阀内置于超临界流体萃取单元内部，通过 SFE 单元萃取的化合物可直接在线加载至 SFC 单元，接着通过色谱柱进行分离，继而经由质谱检测器进行检测。该在线系统兼容了 SFE 用于前处理以及 SFC 用于分析，可自动将固体样品中的目标物直接萃取进行分析。在农残检测中，这将减少用于样品前处理 85% 的时间。该系统也有助于抑制不稳定化合物的分解，这是由于自动化的萃取是在避光且非氧化环境下进行的。

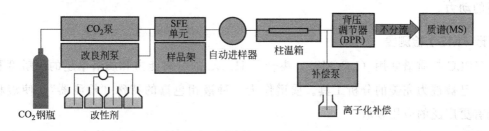

图 1-18　超临界流体仪器的结构示意图

此外，近年来，将 HPLC 与超临界流体系统融合，以类似于 GC 的双柱系统的模式用于目标物的比较分析。事实上，在 SFC 系统的基础上，只需增加一个 LC 输液泵，即可轻松实现 LC 与 SFC 的自由切换。利用该系统，可正常使用常规 LC 系统。同时，与以往不同的是，当样品在 LC 上难以分离的时候，可以尝试使用 SFC 模式，以期在不同分离模式下获得不同的分离效果。图 1-19 充分显示了 SFC 在分离同分异构体时的优势。

（三）检测系统的发展

HPLC 发展至今，检测器的种类主要包括紫外-可见吸收检测器、示差折光检测器、

• 短时间内分离同分异构体

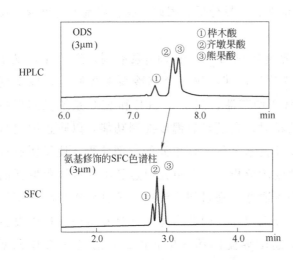

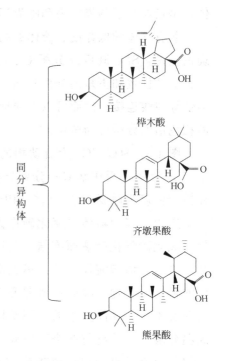

图 1-19 对于同分异构体的 HPLC 与 SFC 的比较分析

荧光检测器、电化学检测器、化学发光检测器和蒸发光散射检测器等,但是,始终没有一种完全通用的检测器可以实现统一的检测。近年来,质谱(MS)"检测器"、电雾式检测器(CAD)和自动方法开发系统(AMDS)的出现为 HPLC 检测系统的发展提供了新的动力。

1. 质谱(MS)检测器

HPLC 与质谱联用(LC/MS),集合了 HPLC 的分离能力和质谱卓越的灵敏度和选择性,已被视为完美的分析工具。质谱作为一种液相色谱的特殊"检测器",使液相色谱拥有更广泛的应用领域。

当前,LC/MS 是杂质和降解鉴定、药物研究中的高通量筛选技术,也是生物分析试验、环境污染物的在线监测和食品安全分析的首选技术,而且,LC/MS 已经成为高效药物清洁验证以及潜在的基因毒性杂质测定的标准技术平台。

过去十年中,高分辨质谱 HRMS(如 TOF、OrbiTrap MS)和杂化质谱(如 Qua-drupole-TOF 或 ion trap-OrbiTrap)得到了快速发展。HRMS 和 UHPLC 以及二维 LC 的联用使得代谢组学、蛋白质组学、De Novo 蛋白测序和生物制药表征等领域的研究愈发活跃,而质谱作为液相色谱检测器的作用也发挥得淋漓尽致,使液相色谱从单纯的分离技术发展成为了化合物定性、定量鉴别的重要技术。

2. 电雾式检测器(CAD)

缺乏理想的通用检测器常常被视为 HPLC 的局限,尽管 UV/Vis 检测器可以检测具有发色基团的化合物。示差折光检测器不适合梯度洗脱，敏感性不够。蒸发光散射检测器（ELSD）使用喷雾器技术与激光光散射检测，是 HPLC 的一个选择，也可以兼容梯度洗脱，但最近已经被 CAD（使用喷雾器和电晕放电检测技术）超越，CAD 可以使灵敏度更好（低至 ng 级），线性更佳。CAD 正逐渐成为药物化学、反应过程监控以及原材料/辅料测试的主流检测器。

(四) 自动化 HPLC 方法体系（AMDS）的发展

1. 分析方法自动化开发

复杂混合物的 HPLC 方法开发是一个很耗时的工作，因为需要优化很多操作参数 [柱尺寸、键合固定相和流动相 A 和 B（有机溶剂/缓冲类型、pH 值和离子强度）的类型、梯度洗脱时间和梯度范围、柱温度、流量]。一个常见的例子就是药物活性成分（API）稳定性指示分析或纯度测定，其中所有的杂质和降解产物必须分离，通过 UV 检测器进行准确的定量。多年以来，基于模拟、预测、单纯形优化、柱/流动相筛选的软件或自动化系统促进 HPLC 方法的开发。虽然它们似乎还没有很普及，但持续的改进提高了 HPLC 的性能和易用性。最新进入市场的是一个附加软件包，兼容两个常用的色谱数据系统。对于 HPLC 方法开发过程（优化）中最耗时的部分，该软件利用用户定义空间的自动化序列方法来解决，其中使用了实验设计（DoE）和质量源于设计（QbD）的原则。导入完整的序列结果之后，该软件还可以执行统计分析，并显示最佳条件。

岛津公司为新一代液相 UHPLC Nexera 设计了特殊的方法开发系统，该系统可借助专用控制软件（Nexera Method Scouting）和耐高压的柱切换系统，自动切换流动相和色谱柱，实现 HPLC 方法的高效开发。通常情况下，分析工作者对流动相和色谱柱的优化需要耗费大量的时间才能找到最佳的组合条件，而这套开发系统可以自动获取最多 96 种流动相色谱柱组合时的数据，可以最大限度地提升开发效率。图 1-20 显示了常规开发方法和自动开发方法的区别。

这种自动化的方法开发软件可以实现流动相和色谱柱的管理组合，能事先计算出各种流动相、样品的所需用量，并作为信息提供以预防流动相耗尽、样品不足等现象，还可以根据标注在色谱柱数据库中的色谱柱性能参数自动控制压力上限，避免色谱柱劣化。随着大数据、网络化应用的发展，液相色谱方法优化的自动化过程既节省了分析工作者宝贵的时间和精力，又提高了方法建立的重现性和高效性，自然成为其发展的一个重要趋势。

2. 分析-制备方法的自动化转换

制备色谱是指采用色谱技术制备纯物质，即分离、收集一种或多种色谱纯物质，也就是从混合物中得到纯物质。因此，为了加快分离的时间并提高分离的效率，制备色谱的进样量很大，导致制备色谱柱子的分离负荷相应加大，必须加大色谱柱填料，增大制备色谱的直径和长度，使用相对多的流动相。通常的做法是从分析柱的规格开始逐渐放

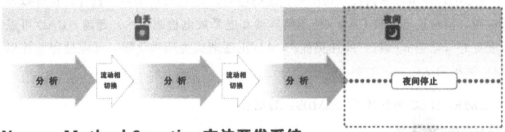

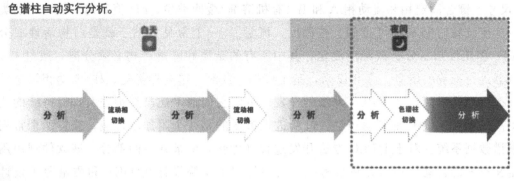

图 1-20　常规方法开发与 Nexera Method Scouting 自动方法开发的区别

大规模，直至适合制备要求。但如从同一台仪器上进行规模放大，可节约流动相和试样的使用量，降低成本。如图 1-21 所示，规模放大时的一对色谱柱（分析柱和制备柱）使用同一特性的填料，只要一对色谱柱的柱长相同、填料粒径相同，则在两种柱子的单位截面积的进样量和线速度一致时，可得到同一色谱效果。采用这种方法可以快速获得理想的结果（图 1-22）。

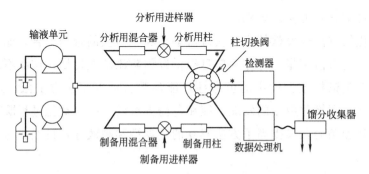

图 1-21　制备分析双流路系统示意图

（五）多功能集成化的发展

在液相色谱的各个组件不断发展的背景下，液相色谱的功能拓展和集成方面近年来也有了很大的发展，如岛津、安捷伦和赛默飞世尔公司先后推出了不少拓展液相色谱功能的集成化设备，这些设备在单纯的液相色谱基础上通过六通阀、十通阀的引入，使液

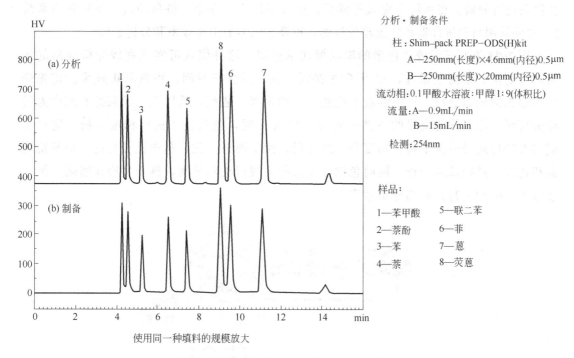

分析·制备条件

柱：Shim–pack PREP–ODS(H)kit
A—250mm(长度)×4.6mm(内径)0.5μm
B—250mm(长度)×20mm(内径)0.5μm
流动相：0.1甲酸水溶液:甲醇1:9(体积比)
流量：A—0.9mL/min
B—15mL/min
检测：254nm

样品：

1—苯甲酸　　5—联二苯
2—萘酚　　　6—菲
3—苯　　　　7—蒽
4—萘　　　　8—荧蒽

使用同一种填料的规模放大

图 1-22　应用制备分析双流路系统的实例图

相色谱具备了在线预处理（提取、净化、除盐）、多维分析、改善检测能力（柱后衍生、梯度补偿）等功能，从而加快整个分析检测过程，提供更加丰富的分离检测信息。

2010 年左右热电公司发布的双三元液相色谱仪（UltiMate 3000 DGLC）就是通过六通阀和十通阀将两套三元梯度泵置于一个体系内，借助不同的连接需要实现各种功能。

图 1-23 为双三元液相色谱的并联模式示意图。通过这种方式可将一台仪器当作两台仪器使用，同时完成两个不同方法的分析测试任务，相当于两台独立液相色谱的功能。并联模式可运用两个不同的分析方法，通过共享自动进样器和柱温箱，额外增加一个检测器就可基于阀的灵活切换实现一台仪器做两台仪器使用的技术。阀1～6 位连接时，右泵-自动进样器-柱温箱-Detector1 构成系统 1，同时左泵-柱温箱-Detector 2 构成系统 2，两个系

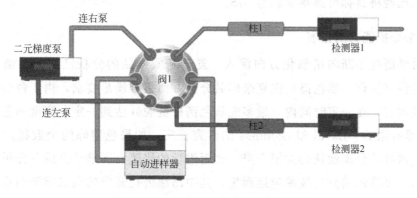

图 1-23　并联色谱技术系统连接示意图

统同时进行分析。在系统 1 完成进样后，通过添加方法命令，将自动进样器释放给系统 2，达到共用自动进样器和柱温箱的目的，提高了仪器的工作效率和分析通量。

图 1-24 为双三元液相色谱的串联模式示意图。这种模式可实现在线分析样品的同时离线清洗、平衡色谱柱，缩短了约 20%～50% 的分析时间，提高分析效率。首先选择两根相同的色谱柱，在柱温箱上配置一个两位置十通阀，采用双三元泵的右泵作为进样分析泵，左泵作为离线的清洗平衡泵。在 A 位时，色谱柱 1 进行梯度分析，同时色谱柱 2 进行离线清洗平衡；梯度分析结束后，阀切换至 B 位，色谱柱 2 与进样器及检测器相连接，进行梯度分析，同时色谱柱 1 进行离线清洗和平衡，整个过程在密闭系统中连续不间断地进行，提高分析效率。

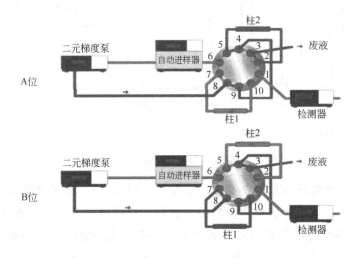

图 1-24　串联色谱技术示意图

此外，双三元液相色谱可在线去除流动相中的非挥发性缓冲盐，这对于液相色谱与质谱联用时十分有用。双三元梯度泵的右泵保持原来的分析流动相条件不变，目标成分在一维分析柱中实现分离，通过两位置六通阀将已被常规检测器检测的目标物储存至 loop 环中；左泵采用与 MS 兼容的挥发性流动相，将储存在 loop 环中的目标分析物洗脱至二维除盐柱中，利用质谱上固有的六通阀，将流动相中的非挥发性盐除去，再调整左泵流动相比例将目标待测物洗脱至 MS。

（六）物质全分析能力的拓展

随着科学研究不断向精细化方向深入，复杂基质样品的分析已成为色谱分析的热点。常规色谱（又称一维色谱）在复杂样品分离方面很难满足要求，由于色谱体系和操作条件一旦固定，在一定时间内，最多能从色谱柱洗脱并达到一定分离度的色谱峰个数（峰容量）是有限的。David 和 Giddings 的研究证实，如果色谱峰的个数超过峰容量的 37%，则色谱峰的分离度就会大幅下降。然而组学的快速发展推动全成分分析的需求愈加强烈，因此多维色谱分离技术应运而生。其中岛津公司开发的全二维液相色谱是近年来最受关注的多维色谱之一。

从本质而言，全二维色谱即通过组合两个独立的分离系统，在对样品进行一维液相分离的同时，再对其进行在线连续二维液相分离。其不同于传统二维液相的中心切割模式，使用具有 2 个样品环的流路切换阀将一维和二维液相整合，借助流路切换阀的交替运行，从样品环将一维液相洗脱液连续不断地注入二维液相进行分离。图 1-25 为岛津 Nexera-e 全二维液相色谱系统的流路和工作方式。

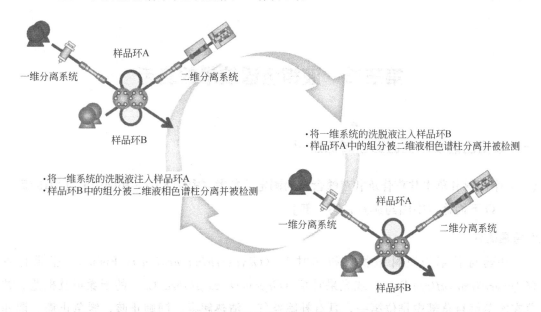

图 1-25　全二维液相色谱系统的流路和工作方式

与一般的一维液相相比，全二维分离系统得到的数据整合了一维和二维的分离结果，可提供更大的峰容量，有效减少色谱峰重叠，进而提供更多更准确的信息，已获得越来越多研究人员的关注和应用。图 1-26 显示了常规一维液相和全二维液相的差异，从图中可以明显看出二维分离的优越性。

总之，最近几年中，HPLC 仍然是一个高度有活力的领域，在仪器、色谱柱技术、应用等方面有很多创新。科学家们最初将这些新技术应用于研究、开发和质量控制，他

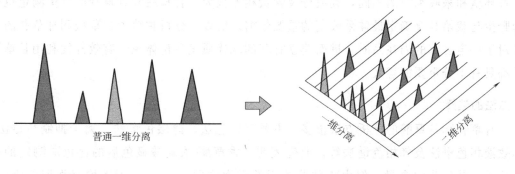

图 1-26　常规一维液相和全二维液相色谱的差异

们是这项技术的早期采纳者，同时也是受益者。UHPLC 在研究与开发领域被快速接受，并逐渐成为标准的 UHPLC 平台。新的色谱柱技术可以更快和更有效地分析复杂样品、手性分子和生物分子。UHPLC 和二维液相与高分辨率质谱联用技术的快速进展，已经彻底改变了生命科学的研究，并将会在临床诊断、食品分析和环境等方面产生更大的影响。

第三节　液相色谱技术的应用

一、液相色谱技术在医药领域的应用

(一) 中药材甘草中甘草苷及甘草酸含量的测定 [参考《中华人民共和国药典》(2015 版) (以下简称《中国药典》) 第一部]

1. 背景简介

中药材甘草为豆科植物乌拉尔甘草 (*Glycyrrhiza uralensis* Fish.)、胀果甘草 (*Glycyrrhiza inflate* Bat.) 或光果甘草 (*Glycyrrhiza glabra* L.) 的干燥根及根茎。甘草在本草纲目草部中排位第一，具有补脾益气、清热解毒、润肺止咳、缓急止痛、调和诸药的作用。现代药理研究证明，甘草具有抗炎、抗变态反应、抗溃疡、抗 HIV、诱生干扰素、调节细胞免疫功能、抗癌等作用，在医药、食品、饮料、烟草、化工、酿造、国防等行业有着极其广泛的应用。

依据《中国药典》(2015 版)，甘草及其制品的含量通常以甘草酸及甘草苷计，文献研究亦表明，甘草的主要化学成分为三萜类和黄酮类化合物，而甘草酸和甘草苷分别是这两类化合物的代表，两者是甘草中的主要有效成分，因此，甘草酸及甘草苷的含量常用于评价药材和成药的质量、制剂稳定性的优劣等。同时，甘草因产地、栽培方法、生长环境和采收季节的不同，其成分及含量相差很大，甘草酸和甘草苷的含量测定也成为野生与栽培甘草确定最佳采收期的重要依据。所以，分析甘草中甘草酸和甘草苷的含量对于评定甘草的内在品质，进而建立甘草的现代质量评价体系、有效开发利用甘草资源都具有十分重要的意义。

2. 方法的选择

甘草苷和甘草酸的分析方法很多，主要有比色法、薄层色谱法、离子抑制色谱法、高效液相色谱法及气相色谱法等。研究表明，香草醛-浓硫酸显色后的比色法测定的是水溶性三萜皂苷的含量，但由于甘草黄酮类干扰物质在 254nm 附近均有强烈的吸收，会导致含量偏高，误差比较大；而薄层色谱或聚酰胺吸附等手段尽管可将甘草酸和甘草苷从甘草提取物体系中分离出来再进行检测，但会导致操作的复杂化。与其他分离方法相比，HPLC 具有柱效高、灵敏度高、分离速度快、适用范围广、重复性好、操作方便等优点，已是中草药化学研究中不可缺少的主要分离方法之一。所以，近几年来，在甘草苷和甘草酸的测定过程中，以高效液相色谱法应用最为广泛。

《中国药典》2015 版一部对中药材甘草中甘草苷和甘草酸含量的检测采用液相色谱法，以 70％乙醇溶液溶解甘草粉末，超声提取后，液相色谱分离，紫外检测器于波长 237nm 处检测，外标法定量。

3. 提取方法

甘草研磨成粉，过三号筛，称取过筛后粉末约 0.2g（精确至 0.01g），置于具塞锥形瓶中，准确加入 100mL 70％的乙醇溶液，加塞后称定重量。超声处理（功率 250W，频率 40kHz）30min，冷却至室温，再称定重量，用 70％乙醇补足减失的重量，摇匀过滤，取滤液待测。

同时制备对照品溶液，取甘草苷对照品、甘草酸铵对照品适量，精密称定，加 70％的乙醇溶液分别制成每 1mL 含甘草苷 20μg、甘草酸铵 0.2mg 的溶液，待测。

4. 仪器检测方法

采用以十八烷基硅烷键合硅胶为填充剂色谱柱，柱内径一般为 3.9～4.6mm，填充剂粒径为 3～10μm。流动相 A 为乙腈，流动相 B 为 0.05％磷酸溶液，梯度洗脱程序如下：0～8min，流动相 A 保持 19％，8～35min 流动相 A 由 19％变为 50％；35～36min，流动相 A 由 50％变为 100％；36～40min，流动相 A 由 100％变为 19％。流速为 1mL/min，进样量为 10μL。采用上述色谱条件分别对试样溶液、对照品溶液和空白试验溶液进样检测。

注意事项：

① 采用本体系进行实验前，必须进行系统适用性试验。其中色谱柱的理论塔板数要求以甘草苷计算不低于 5000。

② 甘草酸的含量以甘草酸铵的量进行折算，即：

$$甘草酸重量＝甘草酸铵重量/1.0207$$

③ 调整流动相组分比例时，当小比例组分的百分比例 $X \leqslant 33％$ 时，允许改变范围为 $0.7X～1.3X$；当 $X > 33％$ 时，允许改变范围为 $X-10％～X+10％$。

④ 若需使用小粒径（约 2μm）填充剂，输液泵的性能、进样体积、检测池体积和系统的死体积等必须与之匹配；如有必要，色谱条件也应作适当的调整。当对其测定结果产生争议时，应以药典甘草品目规定的色谱条件的测定结果为准。

5. 定量结果计算

甘草苷或甘草酸的质量分数可按如下公式计算：

$$\omega_1 = \frac{1.12 \times V \times c_s \times A}{m \times (1-\omega_2) \times A_s} \times 100\%$$

式中　ω_1——试样中甘草苷或甘草酸铵的质量分数，％；

V——试样定容体积，mL；

c_s——对照品溶液中甘草苷或甘草酸铵的浓度，mg/mL；

A——试样溶液中甘草苷或甘草酸的峰面积；

A_s——对照品溶液中甘草苷或甘草酸的峰面积；

m——试样质量，mg；

ω_2——样品干燥减量的含量，%。

实验结果以平行测定结果的算术平均值为准（保留一位小数）。在重复性条件下获得的两次独立测定结果的绝对差值不大于算术平均值的5%。

说明：由于对照品甘草酸铵在该流动相条件下，以甘草酸的形式进行分离，故公式中峰面积均指甘草酸的峰面积，但质量浓度按甘草酸铵计算，所以，最终甘草酸含量计算时仍需要进行折算。此外，甘草酸以18-α和18-β两种形式存在，通常的含量计算以18-β分量计算。

6. 应用特点

甘草是我国最大量的常用中药材之一，但近年来随着甘草野生资源日益枯竭，种植甘草基本取代野生品种。由于种植甘草的条件、品种差异较大，甘草质量的检测日益为人们所重视。通过HPLC法对甘草中的主要药效成分甘草苷和甘草酸进行检测，为甘草品质的指标控制提供了依据。同时，本方法对色谱柱规定了以甘草苷为标准的理论塔板数要求，为使用者正确挑选合适的色谱柱进行甘草药效成分的分离提供了便利，也确保本方法的色谱分离条件在不同实验室的顺利进行。

（二）左氧氟沙星中主成分含量及杂质分析（参考《中国药典》2015版）

1. 背景介绍

氧氟沙星为第三代喹诺酮类抗菌药，对葡萄球菌、链球菌、肺炎链球菌、淋球菌、大肠杆菌、枸橼酸杆菌、志贺杆菌、肺炎克雷伯杆菌、肠杆菌属、沙雷杆菌属、变形杆菌、流感嗜血杆菌、不动杆菌、螺旋杆菌等有较好的抗菌作用，可用于治疗由上述菌所致的呼吸道、咽喉、扁桃体、泌尿道（包括前列腺）、皮肤及软组织、胆囊及胆管、中耳、鼻窦、泪囊、肠道等部位的急、慢性感染。氧氟沙星通常为左旋体和右旋体的混合物，研究表明，氧氟沙星的左旋体（左氧氟沙星）的抗菌效力高于右旋体，是氧氟沙星的2～8倍，且不良反应明显小于右旋体，因此临床上应用极为广泛。

从制药角度出发，相关药物的杂质不仅无效，而且可能危害人体健康或影响药物的稳定性，甚至导致不可预料的不良反应，因此将杂质控制在一个安全、合理的限度范围内对于药品的质量而言极其重要。所以，左氧氟沙星药物中主成分的纯度越高，药物的抗菌效果越好。但是，在化学合成过程中必然会产生光学异构体的副产物——右氧氟沙星，鉴于右氧氟沙星几乎没有抑菌作用，故对包括右氧氟沙星在内的光学异构杂质进行控制直接关系到左氧氟沙星药品的质量。《中国药典》2015版二部中明确规定了左氧氟沙星制剂中相关杂质、右氧氟沙星及左氧氟沙星含量的测定方法，对该类药物的质量控制提供了标准依据。图1-27为左氧氟沙星及相关物质的结构图。

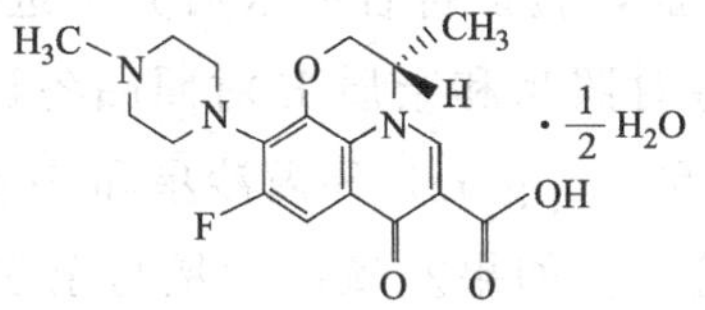

$C_{18}H_{20}FN_3O_4 \cdot \frac{1}{2} H_2O$　370.38

左氧氟沙星

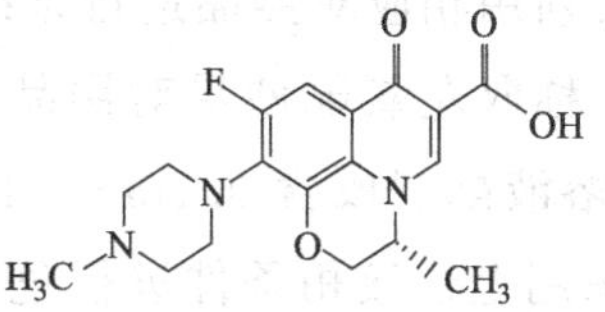

$C_{18}H_{20}FN_3O_4$　361.37

右氧氟沙星

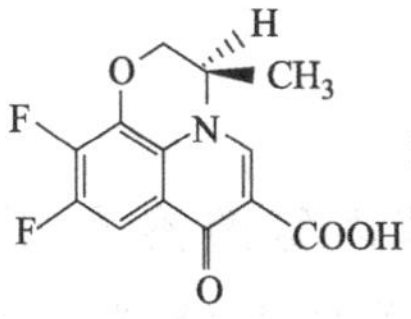

对映异构体

$C_{13}H_9F_2NO_4$　281.23

杂质A

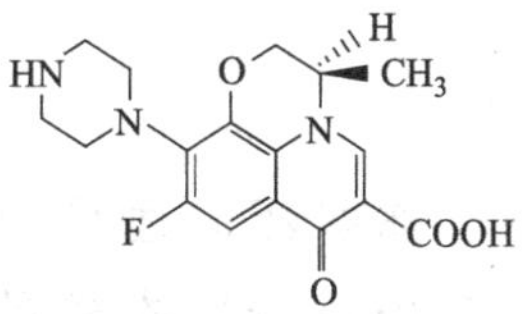

对映异构体

$C_{17}H_{18}FN_3O_4$　347.34

杂质E

图 1-27　左氧氟沙星及相关物质的结构图

2. 方法的选择

左氧氟沙星的分析方法主要有微生物抑制法、HPLC 和 LC-MS/MS 等。微生物抑制法相对较为简单，但结果的确定性稍差，经常用于药物类别的快速筛查。LC-MS/MS 法灵敏度高，选择性强，定量定性准确，仪器价格及维护要求较高，在残留量水平的左氧氟沙星检测中应用较多。与 LC-MS/MS 法相比，HPLC 法区分异构体能力强，定量能力出色，流动相类别选择范围更宽，仪器普及率高，在物质主成分分析中应用更多，据统计，约 70% 的药物标准中含量测定采用 HPLC 方法。因此，测定药品左氧氟沙星中主成分含量选择 HPLC 法较为合适。

《中国药典》2015 版二部中对于左氧氟沙星的含量及相关物质的检测采用 HPLC法，通过盐酸溶液溶解药品，利用色谱分离过程将左氧氟沙星和右氧氟沙星及相应杂质区分，分别用对照品加以定性、定量，确定药品中各成分的含量水平。

3. 左氧氟沙星的测定

（1）溶液配制　称取药品约 50mg（精确至 0.1mg），置于 50mL 容量瓶中，加0.1mol/L 盐酸溶液溶解并定量稀释至刻度，摇匀。量取 5mL，置于另一个 50mL 容量瓶中，用 0.1mol/L 盐酸溶液稀释至刻度，摇匀，待测。

同时，称取左氧氟沙星对照品适量，加 0.1mol/L 盐酸溶液溶解并定量稀释制成0.1mg/mL 的左氧氟沙星对照品溶液，待测。

（2）仪器检测方法　采用十八烷基硅烷键合硅胶为填充剂的色谱柱；以醋酸铵高氯酸钠溶液（取醋酸铵 4.0g 和高氯酸钠 7.0g，加水 1300mL 使溶解，用磷酸调节 pH 值至 2.2)-乙腈（85∶15）为流动相；检测波长为 294nm，进样量为 10μL。最终将样品溶液和对照品溶液分别进样，以外标法定量。

由于左氧氟沙星与环丙沙星及杂质 E 出峰接近，因此使用本方法对左氧氟沙星进行分离检测前必须用相应对照品进行系统适用性验证，验证符合要求后方可进行检测。验证过程如下：称取左氧氟沙星对照品、环丙沙星对照品和杂质 E 对照品各适量，用 0.1mol/L 盐酸溶液配制成含 0.1mg/mL 左氧氟沙星、5μg/mL 环丙沙星和 5μg/mL 杂质 E 的溶液，采用上述液相条件进行色谱分离并检测。如果左氧氟沙星与杂质 E 和左氧氟沙星与环丙沙星色谱峰之间的分离度分别大于 2.0 与 2.5，则该液相条件符合检测要求，如果分离度未达到要求，则需要调整色谱柱的长度半径及流动相的比例使分离度符合要求。

4. 右氧氟沙星的测定

（1）溶液配制　称取药品适量，以硫酸铜＋D-苯丙氨酸溶液-甲醇（82：18）混合溶液配制成 1.0mg/mL 的样品溶液。同时对样品溶液进一步稀释，获得 10μg/mL 的对照溶液；然后取对照溶液适量稀释，获得 0.5μg/mL 的灵敏度溶液。其中样品溶液和对照溶液用于右氧氟沙星的含量测定，灵敏度溶液用于系统适用性验证。

（2）器检测方法　采用十八烷基硅烷键合硅胶为填充剂的色谱柱；以硫酸铜 D-苯丙氨酸溶液（取 D-苯丙氨酸 1.32g 与硫酸铜 1g，加水 1000mL 溶解后，用氢氧化钠试液调节 pH 值至 3.5)-甲醇（82：18）为流动相；柱温 40℃，检测波长为 294nm。进样量 20μL。

（3）系统适用性验证　称取左氧氟沙星和右氧氟沙星对照品各适量，用上述流动相制成含 1mg/mL 左氧氟沙星和 20μg/mL 右氧氟沙星的溶液，按上述仪器检测条件进行检测，要求右氧氟沙星与左氧氟沙星依次流出，右、左旋异构体峰的分离度应符合要求。此外，取灵敏度溶液 20μL 按上述条件进行分析，应确保主成分色谱峰峰高的信噪比大于 10。

注意：系统适用性验证必须符合要求方可进一步进行测定，如果验证结果不符合要求，则需要调整液相色谱的部分条件。

5. 其他杂质的检测

（1）提取方法　称取药品适量，用 0.1mol/L 盐酸溶液配制成 1mg/mL 的溶液，作为样品溶液；取部分样品溶液，进一步用 0.1mol/L 盐酸溶液稀释，获得 2μg/mL 的溶液，作为对照溶液；再取对照溶液适量，用 0.1mol/L 盐酸溶液稀释成每 0.2μg/mL 的溶液，作为灵敏度溶液。

另称取杂质 A 对照品约 15mg（精确至 0.1mg），置于 100mL 容量瓶中，加 6mol/L 氨水溶液 1mL 与水适量溶解，用水稀释至刻度，摇匀；取 2mL 该溶液，置于另一个 100mL 容量瓶中，加水稀释至刻度，摇匀，作为杂质 A 的对照品溶液。

（2）仪器检测方法　采用十八烷基硅烷键合硅胶为填充剂的色谱柱，以醋酸铵高氯酸钠溶液（取醋酸铵 4.0g 和高氯酸钠 7.0g，加水 1300mL 使溶解，用磷酸调节 pH 值至 2.2)-乙腈（85∶15）为流动相 A，乙腈为流动相 B；按表 1-5 进行梯度洗脱。柱温为40℃；流速为每分钟 1mL。

表 1-5　梯度洗脱程序

时间/min	流动相 A/%	流动相 B/%
0	100	0
18	100	0
25	70	30
39	70	30
40	100	0
50	100	0

系统适用性验证过程同 3（2）。此外，灵敏度溶液按照上述液相色谱条件进行检测，进样量 10μL，以 294nm 为检测波长，主成分色谱峰峰高的信噪比应大于 10。

将样品溶液、对照溶液和杂质 A 对照品溶液按上述条件进行检测，进样量均为10μL，分别以 294nm 和 238nm 为检测波长。药典对左氧氟沙星药品的质控要求为：样品溶液中如有杂质峰，杂质 A（238nm 检测）按外标法以峰面积计算，不得过 0.3%，其他单个杂质（294nm 检测）峰面积不得大于对照溶液主峰面积（0.2%），其他各杂质（294nm 检测）峰面积的和不得大于对照溶液主峰面积的 2.5 倍（0.5%）。供试品溶液色谱图中小于灵敏度溶液主峰面积的峰忽略不计。

6. 应用特点

本应用针对氧氟沙星的异构体及主要杂质进行检测，充分发挥了 HPLC 的优势。在左旋体和右旋体的分离以及氧氟沙星与杂质的分离过程中使用了不同的流动相，通过不同盐类的加入，确保不同的分离目的都能实现。同时本应用强调了系统适用性验证，以不同组分的分离度为标准保证液相色谱条件在不同实验室均能获得良好的实验结果。依照可适当对色谱柱和流动相比例进行调整的原则，也给实际使用提供了应用的便利。

(三) 尿中 2-硫代噻唑烷-4-羧酸的测定（参考 WS/T 40—1996）

1. 背景简介

在现代化工业体系中，二硫化碳不仅是一种重要的化工原料，可用于生产粘胶纤维、玻璃、人造丝、赛璐玢、四氯化碳、农药杀菌剂、橡胶助剂等，而且还是一种优良的有机溶剂，可作为羊毛去脂剂、衣服去渍剂、金属浮选剂、油漆和清漆的脱膜剂、航空煤油添加剂等在油脂生产、蜡、冶金、船舶和航空领域应用。但是，二硫化碳本身具有毒性，轻度中毒会有头晕、头痛、眼及鼻黏膜刺激症状，一旦重度中毒可呈短时间的兴奋状态，继之出现谵妄、昏迷、意识丧失，伴有强直性及阵挛性抽搐，可因呼吸中枢麻痹而死亡。而长期接触人员会引发中枢神经系统以及心血管系统的损伤。目前，一些国家如美国、日本等规定大气中 CS_2 的最高容许浓度为 $30mg/m^3$，我国则规定在 CS_2 车间空气中最高容许浓度为 $10mg/m^3$。所以，通过检测手段判别人体接触二硫化碳的程度对于保护工业生产中职业接触人员的健康具有重要的意义。

1981 年，Van D. R. 等从接触二氧化硫的工人尿中分离到 2-硫代噻唑烷-4-羧酸（TTCA），此后的研究表明，TTCA 是二硫化碳在体内与谷胱甘肽结合所生成的特异性代谢产物，CS_2 被人体吸入后大约有 $0.7\%\sim2.3\%$ 在体内转化为 TTCA。因此，目前国内外已公认采用接触工人尿中 TTCA 含量作为接触 CS_2 的生物监测指标，所以，对尿中 TTCA 的检测已成为 CS_2 职业接触人员职业健康监护的重要技术手段。

2. 方法的选择

由于 CS_2 通过呼吸道或皮肤摄入体内后，尿中的代谢产物是硫酸盐和对碘叠氮基反应具有阳性的物质，因此，对尿液中有机硫代谢产物的检测曾采用碘叠氮实验法，但该法灵敏度低，且无法用于空气中 CS_2 浓度为 $20mg/L$ 以下的接触者，实用性较差。1981 年，Van D. R. 等最初选择了 HPLC 作为 TTCA 的检测方法，之后的研究表明，对于 $10mg/L$ 浓度以下（常规 CS_2 使用车间的浓度水平）的接触人群而言，HPLC 法可以准确灵敏地监测相应人员尿中的 TTCA 含量，所以，目前 HPLC 法是医药卫生领域对尿中 TTCA 监测的主要方法。

中国卫生行业标准 WS/T 40—1996 规定了尿中 TTCA 的高效液相色谱测定方法，方法的最低检测浓度为 $8\mu g/L$，适用于接触 CS_2 人员尿中 TTCA 的测定。该方法借助盐酸酸化尿样，用乙醚提取 TTCA，液相色谱分离，紫外检测器测定，外标法定量。

3. 尿中 TTCA 的测定

取 1mL 尿样，加入 0.1mL 2mol/L 盐酸溶液及 5mL 乙醚，振荡提取 2min，3000r/min 离心 10min 后取乙醚层，于 40℃ 水浴氮吹至干，用 $200\mu L$ 甲醇复溶。同时配制系列标准溶液。

采用反相 C_{18} 键合硅胶色谱柱，流动相为甲醇＋水＋冰醋酸（14.5＋84.5＋1），流速 1.5mL/min，紫外检测波长为 273nm，进样体积 $20\mu L$。将样品与标准溶液依次检测（图 1-28）。

按照公式将尿样换算成标准相对密度下浓度的校正系数：

$$k=\frac{1.020-1.000}{\text{实测相对密度}-1.000}$$

式中，实测相对密度为样品用尿比重管测定的值。

按照公式计算尿中 TTCA 的浓度：

$$X=10\times ck$$

式中　X——尿中 TTCA 的浓度，mg/L；

c——从标准曲线上算得的 TTCA 浓度，$\mu g/20\mu L$。

注意事项：质控样必须考虑本底值，防止结果整体误差。尿样量取前如有浑浊，需离心后再取，经乙醚提取后务必再次离心，确保分层清晰，转移完全。

4. 应用特点

鉴于尿液中含有众多代谢物质，本方法用酸性乙醚提取，可以去除一些干扰杂质；同时利用等度洗脱，简化了应用模式，只需要一个泵即可进行检测，利于推广。但对于有条件的机构，也可以恢复成双泵，梯度洗脱模式，增加了方法整体的灵活性。该方法用于现场及时检验，简便、灵敏、选择性好。

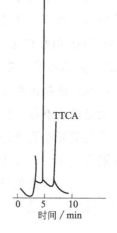

图 1-28　TTCA 接触者尿样色谱图

二、液相色谱技术在食品安全领域的应用

（一）婴幼儿食品中维生素 K_1 的测定（参考 GB 5009.158—2016）

1. 背景简介

维生素 K 是具有叶绿醌生物活性的一类物质。有维生素 K_1、维生素 K_2、维生素 K_3、维生素 K_4 等几种形式，其中维生素 K_1 为从绿色植物中提取的维生素，是天然存在的脂溶性维生素，在日常食品中广泛存在，维生素 K_2 为肠道细菌（如大肠杆菌）合成的维生素。维生素 K 与肝脏合成四种凝血因子（凝血酶原、凝血因子Ⅶ、凝血因子Ⅸ及凝血因子Ⅹ）密切相关，一旦缺乏维生素 K，则肝脏合成的上述四种凝血因子为异常蛋白质分子，它们催化凝血作用的能力就会下降。而且维生素 K 是谷氨酸 γ-羧化反应的辅助因子，维生素 K 的缺乏会导致上述凝血因子的 γ-羧化无法正常进行，从而出现凝血时间延长，严重者会流血不止，甚至死亡。通常情况下，成人每日对维生素 K 的需求量为 $60\sim80\mu g$。由于该类物质在食品中广泛存在，且体内肠道细菌也能合成，一般不会缺乏，但对于新生儿而言，由于维生素 K 无法通过胎盘，且新生儿肠道内无细菌，食品摄入种类单一，可能会出现维生素 K 的缺乏症。但是由于维生素 K 摄入过量也会导致贫血等症状，所以，食品安全国家标准——婴儿配方食品（GB 10765—2010）中规定了维生素 K_1 含量为 $1.0\sim6.5\mu g/100kJ$。因此，为了保障婴幼儿食品的质量，保护婴幼儿的健康，有必要对相应食品中的维生素 K 含量进行检测。

2. 方法的选择

鉴于食品中的维生素 K 大多为来自植物源产品的维生素 K_1，故检测时主要针对维生素 K_1。目前，食品中维生素 K_1 的测定方法主要有分光光度法、薄层色谱法、HPLC 法和 LC-MS/MS 法等。其中分光光度法和薄层色谱法的分析过程烦琐，测定精密度较差，只适合粗略的分析，无法准确定性定量，应用极少。HPLC 和 LC-MS/MS 是当前食品中维生素 K_1 测定的主流方法，两者的灵敏度和定量能力均可满足测定的要求，LC-MS/MS 虽然在定性分析上更为出色，但其价格较为昂贵，在应用的推广上不如HPLC，所以在食品中维生素 K_1 的检测领域，HPLC 法的应用更为普遍。

HPLC 法检测维生素 K_1 时可以采用多种检测器，如紫外检测器、二极管阵列检测器和荧光检测器等，但荧光检测器的灵敏度更高，因此 GB 5009.158 中第一法选择了液相色谱配荧光检测器进行检测。该方法对于婴幼儿食品及乳品、植物油中维生素 K_1 的定量限为 $5\mu g/100g$。样品首先经脂肪酶和淀粉酶酶解，由正己烷提取样品中的维生素 K_1，借助 C_{18} 液相色谱柱将维生素 K_1 与其他杂质分离，由锌柱柱后还原，荧光检测器检测，外标法定量。

3. 提取方法

对于米粉、奶粉等粉状样品，经混匀后直接取样；对于片状、颗粒状样品，经样本粉碎机磨成粉，贮存于样品袋中备用；对于液态乳、植物油等液态样品，摇匀后直接取样。

称取试样 $1\sim5g$（精确到 $0.01g$，确保维生素 K_1 含量不低于 $0.05\mu g$）于 50mL 离心管中，加入 5mL 温水溶解（液体样品直接吸取 5mL，植物油不需加水稀释），加入 5mL pH8.0 的磷酸盐缓冲溶液，混合均匀，加入 0.2g 脂肪酶和 0.2g 淀粉酶（不含淀粉的样品可以不加淀粉酶），加盖，涡旋 $2\sim3min$，混匀后置于 $(37\pm2)℃$ 恒温水浴振荡器中振荡 2h 以上，使其充分酶解。

取出酶解好的试样，分别加入 10mL 乙醇及 1g 碳酸钾，混匀后加入 10mL 正己烷和 10mL 水，涡旋或振荡提取 10min，6000r/min 离心 5min，或将酶解液转移至 150mL 的分液漏斗中萃取提取，静置分层（如发生乳化现象，可适当增加正己烷或水的加入量，以排除乳化现象）。转移上清液至 100mL 旋蒸瓶中，向下层液再加入 10mL 正己烷，重复操作一次，合并上清液至上述旋蒸瓶中。

将上述正己烷提取液旋蒸至干（如有残液，可用氮气轻吹至干），用甲醇转移并定容至 5mL 容量瓶中，摇匀，$0.22\mu m$ 滤膜过滤，滤液待进样。

注意事项：由于维生素 K_1 易分解，整个前处理过程尽量避免紫外光直射，并尽可能避光操作。可直接购买商品锌还原柱，也可自行装填。装柱时，应连续少量多次将锌粉装入柱中，边装边轻轻拍打，以使装入的锌粉紧密。锌还原柱接入仪器前，须将液相色谱仪所用管路中的水排干。

4. 液相色谱检测方法

采用 C_{18} 色谱柱（4.6mm×250mm，$5\mu m$）和锌还原柱（4.6mm×50mm）。流动相由 900mL 甲醇与 100mL 四氢呋喃混合组成，并含 0.3mL 冰醋酸、1.5g 氯化锌和 0.5g 无水乙酸钠。流速为 1mL/min。荧光检测器的激发波长为 243nm，发射波长为 430nm，进样量为 $10\mu L$。在相同色谱条件下，将制备的空白溶液和试样溶液分别进样，进行高效液相色谱分析。以保留时间定性，峰面积外标法定量（图 1-29）。

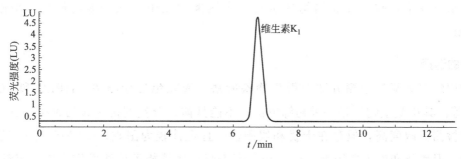

图 1-29　100ng/mL 标准溶液中维生素 K_1 的色谱图

5. 定量结果计算

依据标准系列溶液所得的标准曲线对试样溶液中目标物的质量浓度进行计算，按照如下公式计算最终样品中目标物的含量：

$$X = \frac{\rho \times V_1 \times V_3 \times 100}{m \times V_2 \times 1000}$$

式中　X——试样中维生素 K_1 的含量，$\mu g/100g$；

　　　ρ——由标准曲线得到的试样溶液中维生素 K_1 的浓度，ng/mL；

　　V_1——提取液总体积，mL；

　　V_2——分取的提取液体积（婴幼儿食品和乳品、植物油 $V_1 = V_2$），mL；

　　V_3——定容液的体积，mL；

　　100——换算系数；

　　m——试样的称样量，g；

　　1000——将浓度单位由 ng/mL 换算为 $\mu g/mL$ 的换算系数。

6. 应用特点

与紫外检测器及二极管阵列检测器相比，采用荧光检测器的检测灵敏度更高，特异性更强。整体而言，本方法准确，灵敏度高，流动相体系简单，对仪器要求不高，可以满足对维生素 K_1 的检测需求。其结果对维生素 K_1 的研究具有直接指导作用，为人群维生素 K_1 的营养状况提供基础数据。

（二）水产品中甲氧苄啶残留量的测定（参考 GB 29702—2013）

1. 背景介绍

甲氧苄啶（trimethoprim，简称 TMP）为广谱抗菌药，抗菌谱与磺胺药类似，有抑制二氢叶酸还原酶的作用，但细菌较易对其产生耐药性，所以甲氧苄啶通常不单独作为抗菌药使用，常与磺胺类药物同时使用。研究表明，甲氧苄啶与磺胺药合用可使抗菌作用增强数倍至数十倍。目前，该品主要作为磺胺类药的增效药在养殖产业中广泛应用，可治疗水生动物的竖鳞、赤皮、烂鳃、疖疮等细菌性疾病，也可治疗禽类大肠杆菌引起的败血症、鸡白痢、禽伤寒、霍乱、呼吸系统继发性细菌感染和球虫病等。但由于其会在水产品体内产生药物残留，通过食物富集，继而危及人体健康，国内外都制定了严格的限量标准，欧盟和我国均规定在鱼类肌肉和皮中甲氧苄啶的最大残留限量为 $50\mu g/kg$。

2. 方法的选择

常用的甲氧苄啶检测方法有微生物检验法、酶联免疫检测法、HPLC 和 LC-MS/MS 法等。其中微生物法是一种初筛方法，不能具体区分残留抗生素的种类；酶联免疫法虽然检测灵敏度高，但存在干扰和假阳性，且定性较为困难；LC-MS/MS 定性、定量准确，但操作和维护费用高，推广普及率不高；而液相色谱法操作简单，定量准确，分离能力强，目前在甲氧苄啶的实际检测中应用最为广泛。

GB 29702—2013 采用 HPLC 法对鱼（包括鳗鲡）、虾、蟹和龟鳖等水产品可食组织中甲氧苄啶的残留量进行检测，方法的定量限为 $20\mu g/kg$。该法用三氯甲烷和酸性甲醇溶液提取样品中的甲氧苄啶，再以二氯甲烷反萃取，由混合强阳离子交换固相萃取（MCX）柱净化，高效液相色谱-紫外测定，外标法定量。

3. 提取方法

称取约 5g 试样（精确至 0.01g），置于 50mL 具塞离心管中，加入 15mL 三氯甲烷、14mL 甲醇、6mL 0.1mol/L 硫酸溶液，涡旋混合 2min，4000r/min 离心 3min，取上清液于 150mL 分液漏斗中。残渣中加甲醇 14mL 和 0.1mol/L 硫酸溶液 6mL，重复提取一次，合并两次上清液于分液漏斗中；加 2mol/L 氢氧化钾溶液 2mL、二氯甲烷 30mL，振摇 2min，静置分层，取下层液于茄形瓶中，分液漏斗中加二氯甲烷 30mL 重复提取一次，合并两次下层液；于 40℃ 旋转蒸发至近干，用 5％乙酸溶液 6mL 溶解残余物，待净化。

MCX 阳离子交换柱依次用甲醇 6mL 和 5％乙酸溶液 6mL 活化，取备用液过柱，用 5％乙酸溶液 6mL 和甲醇 6mL 淋洗，用氨水甲醇溶液 15mL 洗脱，于 40℃ 旋转蒸发至近干，用流动相 1.0mL 溶解残余物，滤膜过滤，供高效液相色谱测定。

4. 液相色谱检测方法

采用 ZORBAX-C$_{18}$ 色谱柱（250mm×4.6mm，粒径 5μm）。流动相为甲醇＋0.5％高氯酸溶液（体积比 30＋70），等梯度洗脱，流速 1.0mL/min；柱温 35℃；进样量 20μL；检测波长 230nm。取试样溶液和相应的标准溶液，作单点或多点校准，按外标法，以峰面积计算。标准溶液及试样溶液中甲氧苄啶响应值应在仪器检测的线性范围之内。

5. 定量结果计算

试样中甲氧苄啶残留量计算公式：

$$X = \frac{c \times V}{m}$$

式中　X——试样中甲氧苄啶的残留量，μg/g；

　　c——试样溶液中甲氧苄啶的浓度，$\mu g/mL$；

　　V——最终定容体积，mL；

　　m——供试试料质量，g。

6. 应用特点

　　与其他方法相比，本方法的前处理过程通过 pH 的转换，分别在酸性和碱性条件下进行提取，大部分杂质在这两步被去除，然后再配合 MCX 柱净化，进一步去除了阴离子形式存在的杂质，故最终的色谱分离中目标物的干扰会比较少。图 1-30 中目标物的出峰情况证实了这种前处理过程的有效性。当然，这种多步骤的萃取和净化对目标物带来的损失也是不可忽略的，但考虑到本方法的定量限为 $20\mu g/kg$，最终的回收率在 $70\%\sim110\%$，符合残留分析的要求。

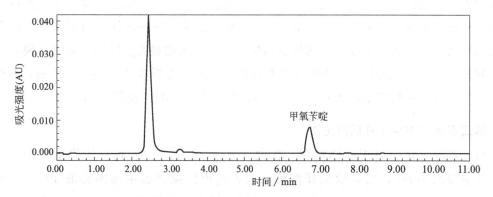

图 1-30　大黄鱼肌肉组织空白添加甲氧苄啶试样色谱图（$200\mu g/kg$）

（三）乳制品中牛磺酸的测定（参考 GB 5009.169—2016）

1. 背景简介

　　牛磺酸的化学名为 2-氨基乙磺酸（2-aminoethansulfonic acid），化学式为 $C_2H_7NSO_3$），是一种含硫 β-氨基酸，广布于动物组织之中。研究表明，牛磺酸具有广泛的生理功能，是调节机体正常生理功能的重要活性物质，在实际生产和日常生活中具有广泛的应用价值。一般认为，机体内的牛磺酸一部分与胆酸结合组成牛磺胆酸，起着促进脂类及其相关物质的消化吸收的生理功能。同时，牛磺酸也是神经传递体、抗氧化剂和膜保护剂、钙离子内环境的稳定调节剂，对于促进大脑发育、增强视力、调节神经组织的兴奋性、增加心肌收缩力等具有重要的意义。对于新生儿而言，体内合成牛磺酸的酶系尚未成熟，如果在奶粉中添加接近母乳水平的牛磺酸，就能有效保障婴幼儿的身体发育。因此，目前国内外均将牛磺酸作为重要的食品添加剂使用，尤其规定在婴幼儿食品中必须添加一定量的牛磺酸。但是，若补充过量的牛磺酸，就会抑制体内其他营养元素的吸收。因此，为了有效评价乳制品的品质，从根本上保障婴幼儿食品的安全，有必要对乳制品中牛磺酸的含量进行测定。

2. 方法的选择

国内外有关牛磺酸检测方法主要有酸碱滴定法、分光光度法、薄层色谱法、荧光法、液相色谱法、氨基酸分析仪测定法等。酸碱滴定法是我国1993年制定的牛磺酸国标测定方法，此方法简便易行，原理简单，但灵敏度及准确度均较低，且测定过程中干扰较多，样品的差别较大。分光光度法和薄层色谱法的检测灵敏度较低；荧光法对前处理要求比较高；氨基酸分析仪测定法检测成本高，耗时长，不利于完成大批量的检测任务。高效液相色谱法具有样品前处理简单、灵敏度和准确度较高、耗时短等优点，在牛磺酸的实际检测中获得广泛的应用。我国2016版国标中删除了薄层色谱法，将检测方法均改为HPLC法。

GB 5009.169—2016食品中牛磺酸的测定中第一法和第二法为液相色谱法。其中，第一法用水溶解试样，用偏磷酸沉淀蛋白，经超声波振荡提取、离心、微孔膜过滤后，通过钠离子色谱柱分离，并与邻苯二甲醛（OPA）发生衍生反应，用荧光检测器进行检测，外标法定量，定量限为0.5mg/100g。第二法用水溶解试样，用亚铁氰化钾和乙酸锌沉淀蛋白质。取上清液用丹磺酰氯衍生反应，衍生物经C_{18}反相色谱柱分离。用紫外检测器（254nm）或荧光检测器（激发波长330nm；发射波长530nm）检测，外标法定量，荧光检测法的定量限为0.1mg/100g，紫外检测法的定量限为5mg/100g。

3. 邻苯二甲醛（OPA）柱后衍生法

（1）提取方法　对于固体试样，称取1～5g（精确至0.01g）于锥形瓶中，加入40℃左右温水40mL，摇匀使试样溶解，放入超声波振荡器中超声提取10min。再加50mL偏磷酸溶液，充分摇匀。放入超声波振荡器中超声提取10～15min，取出冷却至室温后，移入100mL容量瓶中，用水定容至刻度并摇匀，样液在5000r/min条件下离心10min，取上清液经0.45μm微孔膜过滤，接取中间滤液以备进样。

对于液体试样，称取试样约5～30g（精确至0.01g）于锥形瓶中，加50mL偏磷酸溶液，充分摇匀。放入超声波振荡器中超声提取10～15min，取出冷却至室温后，移入100mL容量瓶中，用水定容至刻度并摇匀。样液在5000r/min条件下离心10min，取上清液经0.45μm微孔膜过滤，接取中间滤液以备进样。

对于乳饮料试样，称取5～30g试样（精确至0.01g）于锥形瓶中，加入40℃左右温水30mL，充分混匀，置超声波振荡器上超声提取10min，冷却到室温。加1.0mL亚铁氰化钾溶液，涡旋混合，再加入1.0mL乙酸锌溶液，涡旋混合，转入100mL容量瓶中用水定容至刻度，充分混匀，样液于5000r/min下离心10min，取上清液经0.45μm微孔膜过滤，接取中间滤液以备进样。

（2）仪器检测方法　采用钠离子氨基酸分析专用色谱柱（25cm×4.6mm），流动相为pH3.2的柠檬酸三钠溶液，流速为0.4mL/min，柱温55℃。荧光衍生溶剂（邻苯二甲醛溶液）的流速为0.3mL/min。荧光检测器的激发波长为338nm，发射波长为425nm。进样量为20μL。将试样溶液和系列标准溶液顺次进样，以色谱峰高或峰面积结合标准曲线计算待测溶液中牛磺酸的浓度（图1-31）。

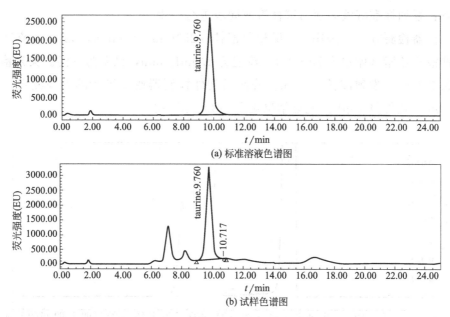

图 1-31 邻苯二甲醛（OPA）柱后衍生法的液相色谱图

4. 丹磺酰氯柱前衍生法

（1）提取方法

① 对于固体试样，称取 1～5g（精确至 0.01g）于锥形瓶中，加入 40℃ 左右温水 40mL，摇匀使试样溶解，放入超声波振荡器中超声提取 10min。冷却到室温，加 1.0mL 亚铁氰化钾溶液，涡旋混合，再加入 1.0mL 乙酸锌溶液，涡旋混合，转入 100mL 容量瓶中，用水定容至刻度，充分混匀。样液于 5000r/min 下离心 10min，取上清液备用。

② 对于液体试样，称取 5～30g（精确至 0.01g）于锥形瓶中，加 20mL 水，充分摇匀。加 1.0mL 亚铁氰化钾溶液，涡旋混合，再加入 1.0mL 乙酸锌溶液，涡旋混合，转入 100mL 容量瓶中，用水定容至刻度，充分混匀。样液于 5000r/min 下离心 10min，取上清液备用。

③ 对于乳饮料试样，称取 5～40g 试样（精确至 0.01g）于锥形瓶中，加入 40℃ 温水 20mL，充分混匀，置超声波振荡器上超声提取 10min，冷却到室温。加 1.0mL 亚铁氰化钾溶液，涡旋混合，再加入 1.0mL 乙酸锌溶液，涡旋混合，转入 100mL 容量瓶中，用水定容至刻度，充分混匀。样液于 5000r/min 下离心 10min，取上清液备用。

提取说明：牛磺酸为易溶于水的两性化合物，并且常以游离态存在于样品中，因此水能完全提取奶粉中牛磺酸，而采用加热和超声辅助萃取样品时提取效果更佳。但由于部分乳制品呈乳浊液，为去除溶液中乳状体，所以需要加入沉淀蛋白试剂。

（2）柱前衍生 准确吸取 1.00mL 提取所得上清液到 10mL 具塞玻璃试管中，加入 1.00mL 碳酸钠缓冲液和 1.00mL 丹磺酰氯溶液，充分混合，于室温避光衍生反应 2h（1h 后需摇晃 1 次），然后加入 0.10mL 盐酸甲胺溶液，涡旋混合以终止反应，避光静置至沉淀完全。取上清液经 0.45μm 微孔滤膜过滤，待测。

注意：系列标准溶液必须与试样溶液同步进行衍生。

（3）仪器检测方法　采用 C_{18} 反相色谱柱（250mm×4.6mm，5μm），流动相为乙酸钠缓冲液＋乙腈（体积比 70＋30），流速为 1.0mL/min，柱温为室温。荧光检测器的激发波长 330nm，发射波长 530nm。若使用紫外检测器或二极管阵列检测器，则检测波长 254nm。进样量 20μL。色谱结果见图 1-32、图 1-33。

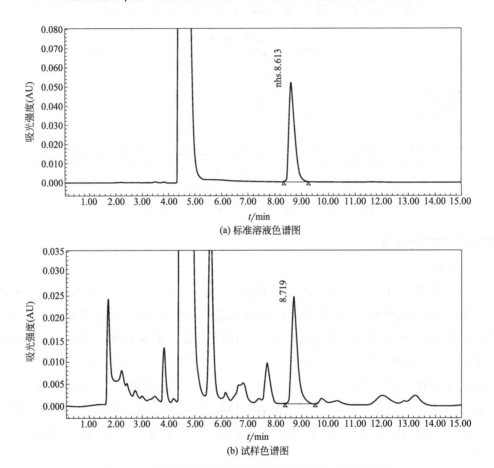

图 1-32　单磺酰氯柱前衍生法的液相色谱图（紫外检测）

5. 定量结果计算

试样中牛磺酸含量按下式计算：

$$A = \frac{c \times V}{m \times 1000} \times 100$$

式中　A——试样中牛磺酸的含量，mg/100g；

　　　c——试样测定液中牛磺酸的浓度，μg/mL；

　　　V——试样定容体积，mL；

　　　m——试样质量，g。

6. 应用特点

牛磺酸同许多氨基酸一样，其分子式中没有共轭结构，故其紫外吸收和荧光发射都

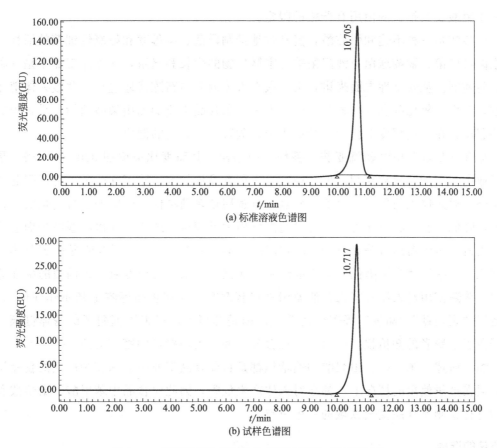

图 1-33　单磺酰氯柱前衍生法液相色谱图（荧光检测）

比较弱。当样品中牛磺酸含量较低时，需要对其进行衍生化反应，即在其结构中加入紫外吸光基团，才能满足液相色谱仪检测器（如紫外检测器或荧光检测器）的灵敏度要求。在应用中涉及了衍生的两种方式：柱前衍生和柱后衍生，为不同实验室根据自身条件进行选择提供了便利。并且，两种衍生法的定量限在 $0.1 \sim 5mg/100g$ 之间，均可实现乳制品中牛磺酸含量的准确测定。

（四）食品中苯甲酸、山梨酸和糖精钠的检测方法（参考 GB 5009.28—2016）

1. 背景简介

苯甲酸（$C_7H_6O_2$）又称安息香酸，是苯环上的一个氢被羧基（—COOH）取代形成的化合物。由于苯甲酸有抑制真菌、细菌、霉菌生长的作用，苯甲酸及其钠盐作为食品添加剂在乳胶、牙膏、果酱或其他食品中有广泛的应用。苯甲酸及其钠盐本身具有一定的刺激性，但在人体和动物组织中可与蛋白质成分的甘氨酸结合形成马尿酸，从而不会危害人体。然而，若过量摄入，不仅能破坏维生素 B_1，还能使钙形成不溶性物质，影响人体对钙的吸收，同时对胃肠道有刺激作用，可诱发癌症、哮喘、荨麻疹及血管性水肿等变态反应。近年来的研究还表明，当苯甲酸（钠）与维生素 C 混合后，会生成化合物苯，而苯可以影响细胞的线粒体，并且造成细胞死亡。因此，目前国内外都对食品中苯甲酸及其钠盐的使用有严格的限定。

山梨酸是一种不饱和脂肪酸，能有效地抑制霉菌、酵母菌和好氧性细菌的活性，能防止肉毒杆菌、葡萄球菌、沙门菌等有害微生物的生长和繁殖，在食品工业中是一种重要的防腐剂。从安全性方面来讲，山梨酸在人体内参与新陈代谢过程，并被人体消化和吸收，产生二氧化碳和水，较为安全。但是如果食品中添加的山梨酸超标严重，消费者长期服用，在一定程度上会抑制骨骼生长，危害肾、肝脏的健康。

糖精钠是邻苯甲酰磺酰亚胺（糖精）的钠盐，其甜度比蔗糖甜 300～500 倍，是食品工业中常用的合成甜味剂。但糖精钠是一种食品添加剂，除了在味觉上可以引起甜的感觉外，对人体无任何营养价值，而且一旦食用较多糖精钠，会影响肠胃消化酶的正常分泌，降低小肠的吸收能力，若短时间内食用大量糖精，还会引起血小板减少而造成急性大出血、多脏器损害等。自 2005 年以来，糖精在食品中的应用有明显的超范围、超量现象，一些厂商为了降低成本赚取暴利，在饮料、果脯甚至专供儿童消费的果冻等食品中，普遍使用对人体有害无益的糖精来代替蔗糖，但在食品标签上却不作任何明示，或冠以"蛋白糖""甜宝"等美名掩盖使用糖精的事实，损害了消费者的身体健康，严重侵犯了消费者的知情权，已引起了社会各界和广大消费者的密切关注。

综上所述，苯甲酸、山梨酸和糖精钠都是目前食品工业中应用较为广泛的食品添加剂，但在过量使用的情况下，都会对人体产生危害，因此对食品中苯甲酸、山梨酸和糖精钠进行检测是食品安全领域的一个重点。

2. 方法的选择

苯甲酸、山梨酸都属于防腐剂，两者的检测方法较为接近，主要有薄层色谱、分光光度法、气相色谱法和 HPLC 等。而糖精钠属于甜味剂，可以用薄层色谱法、硫代二苯胺比色法、分光光度法和 HPLC 等。本应用中要将三种物质同时进行检测，由于糖精钠无法用气相色谱法检测，故不宜采用；薄层色谱法和分光光度法灵敏度较差，定型能力弱，不适用，因此 HPLC 法在本应用情况中最为合适，并且操作简单，定量准确。HPLC 目前也是我国食品添加剂检测标准中的常用方法。

GB 5009.28—2016 规定了食品中苯甲酸、山梨酸和糖精钠测定的方法，方法的定量限均为 0.01g/kg。方法以水对样品中的目标物进行提取，对高脂肪样品经正己烷脱脂，高蛋白样品经蛋白沉淀剂沉淀蛋白，采用液相色谱分离、紫外检测器检测，外标法定量。

3. 提取方法

对于一般性试样，称取约 2g（精确到 0.001g）试样于 50mL 具塞离心管中，加水约 25mL，涡旋混匀，于 50℃ 水浴超声 20min，冷却至室温后加亚铁氰化钾溶液 2mL 和乙酸锌溶液 2mL，混匀，于 8000r/min 离心 5min，将水相转移至 50mL 容量瓶中，于残渣中加水 20mL，涡旋混匀后超声 5min，于 8000r/min 离心 5min，将水相转移到同一 50mL 容量瓶中，并用水定容至刻度，混匀。取适量上清液过 0.22μm 滤膜，待液相色谱测定。

对于含胶基的果冻、糖果等试样，称取约 2g（精确到 0.001g）试样于 50mL 具塞离心管中，加水约 25mL，涡旋混匀，于 70℃ 水浴加热溶解试样，50℃ 水浴超声 20min，然后按照如上操作进行。

对于油脂、巧克力、奶油、油炸食品等高油脂试样，称取约 2g（精确到 0.001g）试样于 50mL 具塞离心管中，加正己烷 10mL，于 60℃ 水浴加热约 5min，并不时轻摇以溶解脂肪，然后加氨水溶液（1＋99）25mL、乙醇 1mL，涡旋混匀，于 50℃ 水浴超声 20min，冷却至室温后，加亚铁氰化钾溶液 2mL 和乙酸锌溶液 2mL，混匀，于 8000r/min 离心 5min，弃去有机相，水相转移至 50mL 容量瓶中，残渣再提取一次后测定。

4. 仪器检测方法

采用 C_{18} 色谱柱，柱长 250mm，内径 4.6mm，粒径 5μm。流动相为甲醇＋乙酸铵溶液（5＋95），流速 1mL/min，进样量 10μL，检测波长 230nm。当存在干扰峰或需要辅助定性时，可以采用加入甲酸的流动相来测定，如以甲醇＋甲酸-乙酸铵溶液（8＋92）作流动相。液相色谱图见图 1-34、图 1-35。

采用上述色谱条件分别对标准系列溶液、试样溶液和空白试验溶液进样检测。

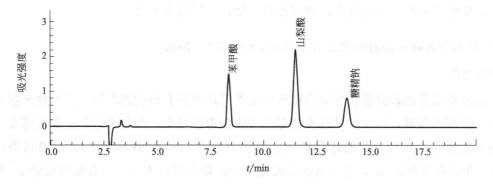

图 1-34　1mg/mL 苯甲酸、山梨酸和糖精钠标准溶液的液相色谱图
（流动相：甲醇＋乙酸铵＝5＋95）

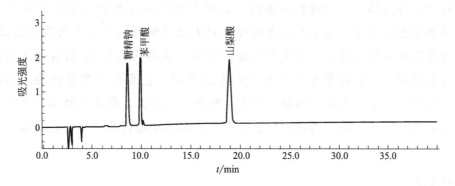

图 1-35　1mg/mL 苯甲酸、山梨酸和糖精钠标准溶液的液相色谱图
（流动相：甲醇＋甲酸-乙酸铵溶液＝8＋92）

5. 定量结果计算

依据得到的试样溶液的峰面积，根据标准曲线得到待测液中苯甲酸、山梨酸和糖精钠（以糖精计）的质量浓度，按照如下公式计算最终样品中目标物的含量：

$$X = \frac{\rho \times V}{m \times 1000}$$

式中　　X——试样中待测组分含量，g/kg；

　　　　ρ——由标准曲线得出的试样液中待测物的质量浓度，mg/L；

　　　　V——试样定容体积，mL；

　　　　m——试样质量，g；

　　　　1000——换算因子。

6. 应用特点

添加剂使用不规范、超量、超范围使用是影响食品安全的重大隐患。但由于食品添加剂种类繁多，数量庞大，实现快速、高通量的多残留检测是检测技术发展的趋势。苯甲酸、山梨酸和糖精钠三种常见的食品添加剂用统一方法进行检测是本应用的特点，其有效地利用 HPLC 法高效的物质分离能力，对两种类别的食品添加剂同时进行检测，整个方法简单易行，灵敏度高，稳定性好，推广使用的潜力大。

（五）食品中黄曲霉毒素的测定（参考 GB 5009.22—2016）

1. 背景简介

黄曲霉毒素是黄曲霉、寄生曲霉和特曲霉等产生的有毒代谢产物，当粮食未能及时晒干及贮藏不当时，往往容易被黄曲霉或寄生曲霉污染而产生此类毒素。黄曲霉毒素主要包括黄曲霉毒素 B_1、黄曲霉毒素 B_2、黄曲霉毒素 G_1、黄曲霉毒素 G_2 以及黄曲霉毒素 M_1 和黄曲霉毒素 M_2，其中黄曲霉毒素 M_1 和黄曲霉毒素 M_2 是黄曲霉毒素 B_1 和黄曲霉毒素 B_2 在奶牛体内代谢产生的。黄曲霉毒素在农产品中几乎无法避免，而花生和玉米则是最容易被黄曲霉污染的粮食。1960 年英国曾发生 10 万只火鸡因食用产生了黄曲霉毒素的花生粕饲料而死亡的事件。1993 年世界卫生组织的癌症研究机构将黄曲霉毒素划定为一类致癌物，其危害性在于对人及动物肝脏组织有极强的破坏作用，严重时可导致肝癌甚至死亡，在天然污染的食品中黄曲霉毒素 B_1 通常被认为具有最强的毒性和致癌性。黄曲霉毒素目前已发现 20 余种，主要污染粮油食品、动植物食品等，如花生、玉米、大米、小麦、豆类、坚果类、肉类、乳及乳制品、水产品等均有黄曲霉毒素污染的风险，因此，对食品中黄曲霉毒素进行测定是食品安全的一个重要课题。

2. 方法的选择

黄曲霉毒素测定的方法有薄层色谱法、高效液相色谱法、酶联免疫吸附测定法、质谱法、放射免疫测定法。这些方法中，"免疫亲和柱净化"是众多方法均采用的一个步骤，而由此衍生的快速筛选法（酶联免疫吸附测定法等）也是现在国际公认的比较经济有效的初筛方法。但从方法定性、定量和实际应用的要求考虑，免疫学方法在定性上略有不足，质谱法的仪器相对昂贵，无法在基层大量推广。因此，就有效应用而言，液相色谱法无疑是目前国内外测定黄曲霉毒素的重要手段。

我国的食品安全国家标准 GB 5009.22—2016 中的第二法和第三法均为液相色谱法，其中第二法为高效液相色谱-柱前衍生法，第三法为高效液相色谱-柱后衍生法，两者的适用范围包括谷物及其制品、豆类及其制品、坚果及籽类、油脂及其制品、调味品、婴幼儿配方食品和婴幼儿辅助食品。上述方法通过乙腈-水溶液或甲醇-水溶液的混合溶液提取试样中的黄曲霉毒素 B_1、黄曲霉毒素 B_2、黄曲霉毒素 G_1 和黄曲霉毒素 G_2，提取液经黄曲霉毒素固相净化柱或免疫亲和柱净化，去除脂肪、蛋白质、色素及碳水化合物等干扰物质，用三氟乙酸柱前衍生，液相色谱分离，荧光检测器检测，外标法定量；或者经液相色谱分离，柱后衍生（碘或溴试剂衍生、光化学衍生、电化学衍生等），经荧光检测器检测，外标法定量。

3. 提取方法

对于植物油脂类液体样品，称取 5g 试样（精确至 0.01g）于 50mL 离心管中，加入 20mL 乙腈-水溶液（84＋16）或甲醇-水溶液（70＋30），涡旋混匀，置于超声波/涡旋振荡器或摇床中振荡 20min（或用均质器均质 3min），在 6000r/min 下离心 10min，取上清液备用。

对于酱油和醋，称取 5g 试样（精确至 0.01g）于 50mL 离心管中，用乙腈或甲醇定容至 25mL（精确至 0.1mL），涡旋混匀，置于超声波/涡旋振荡器或摇床中振荡 20min（或用均质器均质 3min），在 6000r/min 下离心 10min（或均质后玻璃纤维滤纸过滤），取上清液备用。

对于一般固体样品，称取 5g 试样（精确至 0.01g）于 50mL 离心管中，加入 20.0mL 乙腈-水溶液（84＋16）或甲醇-水溶液（70＋30），涡旋混匀，置于超声波/涡旋振荡器或摇床中振荡 20min（或用均质器均质 3min），在 6000r/min 下离心 10min（或均质后玻璃纤维滤纸过滤），取上清液备用。

对于婴幼儿配方食品及辅助食品，称取 5g 试样（精确至 0.01g）于 50mL 离心管中，加入 20.0mL 乙腈-水溶液（50＋50）或甲醇-水溶液（70＋30），涡旋混匀，置于超声波/涡旋振荡器或摇床中振荡 20min（或用均质器均质 3min），在 6000r/min 下离心 10min（或均质后玻璃纤维滤纸过滤），取上清液备用。

对于半流体样品，称取 5g 试样（精确至 0.01g）于 50mL 离心管中，加入 20.0mL 乙腈-水溶液（84＋16）或甲醇-水溶液（70＋30），置于超声波/涡旋振荡器或摇床中振荡 20min（或用均质器均质 3min），在 6000r/min 下离心 10min（或均质后玻璃纤维滤纸过滤），取上清液备用。

若采用专用固相萃取柱净化-柱前衍生法，则移取适量上述提取过程的上清液，按黄曲霉毒素专用固相萃取净化柱的要求进行净化，收集全部净化液。用移液管准确吸取4.0mL净化液于10mL离心管后在50℃下用氮气缓缓地吹至近干，分别加入200μL正己烷和100μL三氟乙酸，涡旋30s，在40℃±1℃的恒温箱中衍生15min，衍生结束后，在50℃下用氮气缓缓地将衍生液吹至近干，用初始流动相定容至1.0mL，涡旋30s溶解残留物，过0.22μm滤膜，收集滤液于进样瓶中，以备进样。

若采用免疫亲和柱净化-柱后衍生法，则将上述样液移至50mL注射器筒中，调节下滴速度，控制样液以1～3mL/min的速度稳定下滴。待样液滴完后，往注射器筒内加入2×10mL水，以稳定流速淋洗免疫亲和柱。待水滴完后，用真空泵抽干亲和柱。脱离真空系统，在亲和柱下部放置10mL刻度试管，取下50mL的注射器筒，2×1mL甲醇洗脱亲和柱，控制1～3mL/min的速度下滴，再用真空泵抽干亲和柱，收集全部洗脱液至试管中。在50℃下用氮气缓缓地将洗脱液吹至近干，用初始流动相定容至1.0mL，涡旋30s溶解残留物，0.22μm滤膜过滤，收集滤液于进样瓶中以备进样。

注意事项：免疫亲和柱需要按要求进行保存，在质量品质上要求 $AFTB_1$ 的柱容量≥200ng，$AFTB_1$ 的柱回收率≥80％，$AFTG_2$ 的交叉反应率≥80％。尤其需要关注不同批次间免疫亲和柱的质量差异，务必通过验证方法进行验证。

4. 液相色谱检测方法

采用柱前衍生法时，以水（A）和乙腈-甲醇溶液（B，50＋50）作为流动相，用梯度洗脱程序进行目标物洗脱：24％B（0～6min），35％B（8.0～10.0min），100％B（10.2～11.2min），24％B（11.5～13.0min）；用 C_{18} 柱（柱长150mm或250mm，柱内径4.6mm，填料粒径5.0μm）或相当者作为色谱分析柱；流速1.0mL/min；柱温40℃；进样体积50μL；检测波长为激发波长360nm，发射波长440nm（图1-36、图1-37）。

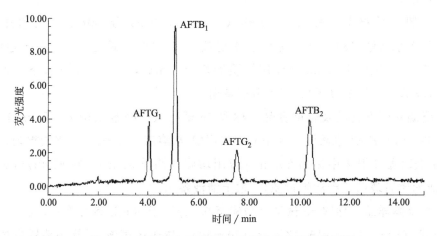

图1-36　四种黄曲霉毒素 TFA 柱前衍生液相色谱图

采用柱后衍生法时，可以应用多种方法对目标物进行衍生，以电化学柱后衍生为例，液相色谱参考条件如下：

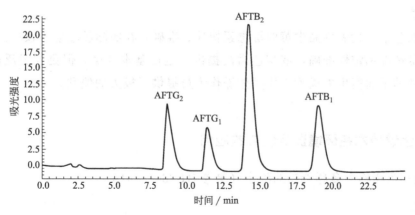

图 1-37 四种黄曲霉毒素柱后电化学衍生色谱图

① 流动相：A 相为水（1L 水中含 119mg 溴化钾，350μL 4mol/L 硝酸）；B 相为甲醇。

② 等梯度洗脱条件：A，60%；B，40%。

③ 色谱柱：C_{18} 柱（柱长 150mm 或 250mm，柱内径 4.6mm，填料粒径 5μm），或相当者。

④ 柱温 40℃。

⑤ 流速 1.0mL/min。

⑥ 进样量 50μL。

⑦ 电化学柱后衍生器：反应池工作电流 100μA；1 根 PEEK 反应管路（长 50cm，内径 0.5mm）。

⑧ 激发波长 360nm；发射波长 440nm。

5. 定量结果计算

依据标准系列溶液所得的标准曲线对试样溶液中 $AFTB_1$、$AFTB_2$、$AFTG_1$ 和 $AFTG_2$ 的含量进行计算，按照如下公式计算最终样品中目标物的含量：

$$X = \frac{\rho \times V_1 \times V_3}{m \times V_2}$$

式中 X——试样中 $AFTB_1$、$AFTB_2$、$AFTG_1$ 或 $AFTG_2$ 的含量，μg/kg；

ρ——进样溶液中 $AFTB_1$、$AFTB_2$、$AFTG_1$ 或 $AFTG_2$ 按照外标法在标准曲线中对应的浓度，ng/mL；

V_1——试样提取液体积（植物油脂、固体、半固体按加入的提取液体积；酱油、醋按定容总体积），mL；

V_3——样品经免疫亲和柱净化洗脱后的最终定容体积，mL；

V_2——用于免疫亲和柱的分取样品体积，mL；

m——试样的称样量，g。

6. 应用特点

用液相色谱法检测食品中黄曲霉毒素快速、准确，在实际领域应用较广。相比于质谱法的定量精准和定性准确，液相色谱法提供了定性基本准确，但更加宽泛的选择性，如多达 5 种的不同衍生方式为基质具体操作人员提供了极大的便利。

三、液相色谱技术在环境监测领域的应用

(一) 土壤和沉积物中多环芳烃的测定（参考 HJ 784—2016）

1. 背景介绍

多环芳烃（polycyclic aromatic hydrocarbons，PAH）是煤、石油、木材、烟草、有机高分子化合物等有机物不完全燃烧时产生的挥发性碳氢化合物，是一类环境污染物。PAH 通常由 2 个或 2 个以上的苯环以线状、角状或簇状稠合在一起，由于其结构特殊，使其难以被生物利用，因此 PAH 会在环境中呈不断累积的趋势，属于持久性的有机污染物。它在水、气、土壤及生物体环境中普遍存在，且其具有致癌、致突变的毒性。土壤中的 PAH 主要通过大气沉降和降雨过程到达地表，通过地表径流等面源污染方式造成环境污染，在大范围上土壤的面源污染是不可逆的过程。在 PAH 污染过程中，土壤是环境中 PAH 的储存库和中转站，因此研究土壤中 PAH 的含量状况，对 PAH 污染防治具有重要的科学价值。

2. 方法选择

目前，常用的 PAH 测定方法主要有气相色谱法、气相色谱-质谱联用法和 HPLC 等。气相色谱法具有高选择性、高分辨率和高灵敏度的特性，气相色谱-质谱法则能够借助分子离子和碎片离子定性定量，实现多环芳烃的高灵敏度检测。但由于气相色谱法和气相色谱-质谱联用法检测样品时，分析温度较高，部分组分分离会有一定干扰。与气相色谱法相比，HPLC 分析不需要汽化，可以采用荧光检测器对 PAH 中含荧光特性的物质进行检测，而紫外分析则可以对大部分的 PAH 进行检测，具有很高的选择性和灵敏度。与气相色谱-质谱联用法相比，HPLC 仪器的普及率相对更高，故中华人民共和国环境保护部制定针对土壤中 PAH 含量检测的环境保护标准时采用了 HPLC 法。

HJ 784—2016 土壤和沉积物中多环芳烃的测定规定了采用 HPLC 对土壤中萘、苊烯、苊、芴、菲、蒽、荧蒽、芘、苯并 [a] 蒽、䓛、苯并 [b] 荧蒽、苯并 [k] 荧蒽、苯并 [a] 芘、二苯并 [a,h] 蒽、苯并 [g,h,i] 苝、茚并 [1,2,3-c,d] 芘等 16 种 PAH 进行检测。用紫外检测器时方法的测定下限为 12～20μg/kg；用荧光检测器时方法的测定下限为 1.2～2.0μg/kg。方法采用索氏提取法提取土壤和沉积物中的 PAH，并以固相萃取柱进行净化、浓缩和定容，再以紫外或荧光检测器检测，保留时间定性，外标法定量。

3. 提取方法

称取样品 10g（精确到 0.01g），加入适量无水硫酸钠，研磨成流沙状。将制备好的

试样放入玻璃套管内加入 50μL 十氟联苯使用液，将套管放入索氏提取器中。加入 100mL 丙酮-正己烷混合溶液，回流 16～18h。将提取液用玻璃棉过滤到旋蒸瓶中，旋蒸浓缩至约 1mL，加入 5mL 正己烷，旋蒸浓缩至约 1mL，反复该过程 3 次，将溶剂完全转化为正己烷，再浓缩至约 1mL。将硅胶固相萃取柱先后以二氯甲烷和正己烷活化平衡，加入提取液后，用 3mL 正己烷分 3 次洗涤旋蒸瓶，并全部转移至柱内，最终以 10mL 二氯甲烷-正己烷混合溶液洗脱，于氮气浓缩仪上浓缩至约 1mL，加入 3mL 乙腈，再浓缩至 1mL 以下，用乙腈准确定容至 1mL，待测。

同时以石英砂进行同样的提取作为空白试样。

4. 液相色谱检测方法

流动相 A 为乙腈，流动相 B 为水，梯度洗脱程序为：0～8min，流动相 A 保持 60％；8～18min，流动相 A 由 60％变为 100％；18～28min，流动相 A 保持 100％；28～28.5min，流动相 A 由 100％变为 60％；28.5～35min，流动相 A 保持 60％。流速为 1mL/min，进样量为 10μL，柱温为 35℃。

检测波长需要根据不同待测物的出峰时间选择紫外检测波长、激发波长和发射波长，编制波长变换程序，16 种 PAH 在紫外检测器上对应的最大吸收波长及在荧光检测器的激发和发射波长如表 1-6 所示。

表 1-6　16 种 PAHs 的最大波长

序号	组分名称	推荐紫外吸收波长/nm	激发波长/发射波长
1	萘	220	280/324
2	苊烯	230	—
3	苊	254	280/324
4	芴	230	280/324
5	菲	254	254/350
6	蒽	254	254/400
7	荧蒽	230	290/460
8	芘	230	336/376
9	苯并[a]蒽	290	275/385
10	䓛	254	275/385
11	苯并[b]荧蒽	254	305/430
12	苯并[k]荧蒽	290	305/430
13	苯并[a]芘	290	305/430
14	二苯并[a,h]蒽	290	305/430
15	苯并[g,h,i]䓛	220	305/430
16	茚并[1,2,3-c,d]芘	254	305/500
17(内标)	十氟联苯	230	—

注：荧光检测器不适用于苊烯和十氟联苯。

采用上述色谱条件分别对标准系列溶液、试样溶液和空白试验溶液进样检测，色谱图见图1-38、图1-39。

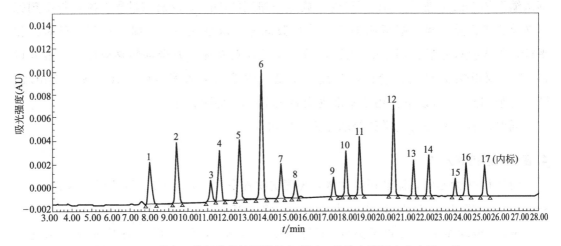

图 1-38　16 种多环芳烃紫外检测器的色谱图（峰的序号同表中序号一致）

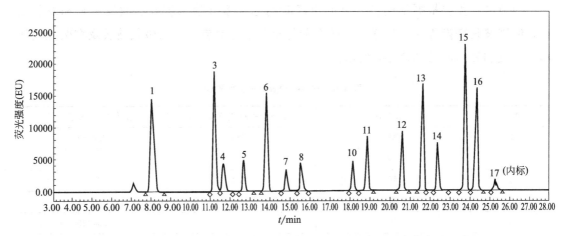

图 1-39　16 种多环芳烃的荧光检测器的色谱图（峰的序号同表中序号一致）

5. 结果计算

以保留时间定性，必要时可采用标准样品添加法、不同波长下的吸收比、紫外谱图等方法辅助定性。

样品中 PAH 的含量按公式计算。

$$X_i = p_i \times V / m \times W_{dm}$$

式中　X_i——样品中目标组分 i 的含量，$\mu g/kg$；

p_i——由标准曲线计算所得样品中目标组分 i 的浓度，$\mu g/mL$；

V——定容体积，mL；

m——称样量（湿重），kg；

W_{dm}——土壤样品中干物质的含量，%。

注意事项：通过土壤水分的测定计算土壤中干物质的含量。

6. 应用特点

由于土壤结构和性质较复杂，PAH 不仅具有半挥发性和不挥发性的特点，而且土壤中 PAH 浓度较低（多为痕量水平）又不稳定，样品基体干扰严重，因此，土壤中 PAH 的检测难度较大。本应用采用紫外与荧光检测器结合的方式，既兼顾了检测的全面性，又充分保证了检测的灵敏度，同时用十氟联苯作为内标物质，使土壤中 16 种 PAH 获得高灵敏度的检测。

（二）水质中阿特拉津的测定（参考 HJ 587—2010）

1. 背景介绍

阿特拉津又称莠去津（Atrazine），具有三嗪类化合物的结构，是一种选择性内吸传导性苗前及苗后除草剂，通过抑制杂草（如苍耳属植物、狐尾草、豚草属植物等）的光合作用影响杂草的生长。阿特拉津是玉米、大豆、甘蔗、高粱等一年生禾本科杂草和阔叶杂草专用化学除草剂，是公认的优良除草剂品种，曾在世界各国被广泛使用。但是，阿特拉津具有内分泌干扰作用和潜在的致癌作用，对人体健康十分有害。同时，由于阿特拉津的残留期较长（4～57 周），其残留物在许多国家和地区的水体中已有检出，因此，国内外已将其列为国际环境优先控制污染物，各国纷纷制定了饮用水及地表水中阿特拉津的最大允许残留限量，如我国规定生活自来水和地表水中阿特拉津的最大残留限量（MRL）分别为 2ng/mL 和 3ng/mL。鉴于阿特拉津对于环境（尤其是水体）的严重危害，各国均要求对环境水体中的阿特拉津进行监测，以保障人们的健康。

2. 方法的选择

阿特拉津常用的检测方法主要有免疫分析法、气相色谱法、气相色谱-质谱联用法、HPLC 和 LC-MS/MS 等。其中，免疫分析法快速灵敏，但无法准确定性；气相色谱法配氮磷检测器检测灵敏度高，但检测器的普及率不高；而 LC-MS/MS 可以进行结构分析，定性准确，但仪器较为昂贵，所以，目前对水体中阿特拉津的检测以 HPLC 为主。

我国于 2010 年颁布的 HJ 587—2010《水质 阿特拉津的测定》采用液相色谱法对地表水和地下水中阿特拉津的残留量进行测定，方法的测定下限为 0.32μg/L。该方法以二氯甲烷对水中阿特拉津进行萃取，经过浓缩定容后，由具有紫外检测器的液相色谱仪测定，外标法定量。

3. 提取方法

量取 100mL 水样于 250mL 分液漏斗中，加入 5g 氯化钠摇匀。用 20mL 二氯甲烷分两次萃取，每次 10mL，于振荡器上充分振摇 5min。注意手动振摇放气。静置分层后，将有机相通过装有无水硫酸钠的漏斗，接至浓缩瓶中，注意无水硫酸钠充分淋洗。合并两次二氯甲烷萃取液。用浓缩仪浓缩至近干，用甲醇定容至 1.00mL，待测。

用蒸馏水代替水样，按照上述过程制备空白试验溶液。

氯化钠的加入是为了借助盐析效应增加阿特拉津在二氯甲烷层中的含量。在二氯甲烷提取液除水过程中，由于无水硫酸钠可能残留部分二氯甲烷，所以应注意无水硫酸钠的淋洗，以便提高最终目标物的回收率。此外，样品在浓缩过程中，萃取液浓缩至近干时，应立即定容，否则阿特拉津会有较大损失。

4. 液相色谱检测方法

采用反相 ODS 色谱柱（4.6mm×200mm，5μm），流动相为甲醇＋水（7＋3）溶液等度洗脱，流速0.8mL/min，柱温40℃，进样量10μL，紫外检测波长为225nm。采用上述色谱条件分别对标准系列溶液、试样溶液和空白试验溶液进样检测（图1-40）。

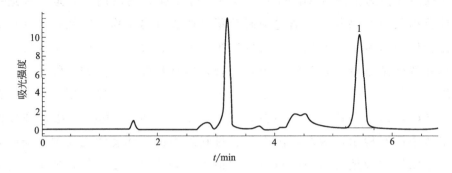

图 1-40 阿特拉津的标准色谱图

1—阿特拉津（5.282min）

以样品的保留时间和标准溶液的保留时间相比来定性。用作定性的保留时间窗口宽度以当天测定标样的实际保留时间变化为基准。试样中分析物的残留含量，按照下式计算：

$$\rho = \frac{mV_t}{V_s} \times 1000$$

式中　　ρ——水样中阿特拉津的质量浓度，μg/L；

m——从校准曲线上查得阿特拉津的质量浓度，μg/mL；

V_t——萃取液浓缩定量后的体积，mL；

V_s——被萃取水样的体积，mL。

计算说明，由于新鲜土壤含有一定量的水分，故在测定之前应先测定土壤的水分，一般采用于105℃±2℃的烘箱中烘烤12h后在干燥箱中冷却后称重的方式计算土壤中水分的含量 a，再计算土样换算至烘干的水分换算系数 K（$K=1-a$）。

5. 应用特点

在一些文献方法中，往往采用 C_{18} 固相萃取柱对大体积水样进行吸附，再通过洗脱获得目标物。这种方法使用的有机溶剂相对较少，但水样过柱吸附过程比较耗时。本应用没有采用固相萃取柱对大体积水样进行处理的模式，而是选择了液液萃取的传统方式，尽管用到了有机试剂二氯甲烷，但总体使用量不大（20mL），而在处理时间上相对较为快速，因此，方法整体更为简单、快速。

（三）环境空气和废气中酰胺类化合物的测定（参考 HJ 801—2016）

1. 背景介绍

　　酰胺类化合物是指氨或胺的氮原子上的氢被酰基取代后生成的化合物。常见的有甲酰胺（$HCO-NH_2$）、乙酰胺 [$CH_3-CO-NH_2$]、碳酰胺 [$CO-(NH_2)_2$] 等。酰胺类化合物广泛应用于薄膜、纤维、涂料、制药、合成革和制衣等行业，例如，乙酰胺、二甲基甲酰胺是重要的溶剂，乙酰苯胺是制备磺胺药物的中间体等。但是，丙烯酰胺具有较强神经毒性和生殖毒性，被列为国际十大致癌物之一，酰胺类化合物的危害已逐渐引起人们的关注。目前的研究表明，除了丙烯酰胺之外，二甲基甲酰胺和二甲基乙酰胺属低毒类，但容易在人体累积，也会危害人体健康。而环境空气中的酰胺类化合物的污染主要来源于使用这些化合物的工矿企业的废气排放，最终这些有害化合物以蒸汽形态经呼吸道进入体内。因此，目前国内外在制定一些酰胺类化合物在环境空气中标准限值的同时，也十分注重对环境空气中酰胺类化合物检测。

2. 方法的选择

　　自丙烯酰胺引起人们关注后，酰胺类化合物的检测方法发展很快，目前常见的有酶联免疫法、气相色谱法、气相色谱串联质谱法、HPLC、LC-MS/MS 等，但大多数方法以检测食品基质中的丙烯酰胺为主，多残留的检测很少。就方法的适用性分析，针对空气中的多种酰胺类化合物进行检测，酶联免疫法由于指向单一目标物，无法采用；气相色谱和气相色谱质谱法则需要衍生反应，步骤较为烦琐；而 HPLC 和 LC-MS/MS 与上述方法相比，无需衍生，操作简单。用于环境空气中污染物的监测目的，HPLC 以其仪器简单、普及率高、分离快速、定量准确、实用性强等优势，应用更为广泛。

　　2016 年我国环保部颁布的 HJ 801—2016《环境空气和废气 酰胺类化合物的测定 液相色谱法》采用 HPLC 对环境空气和固定污染源废气中甲酰胺、N,N-二甲基甲酰胺、N,N-二甲基乙酰胺和丙烯酰胺进行测定，方法的标准下限为环境空气中甲酰胺为 $0.12mg/m^3$、N,N-二甲基甲酰胺为 $0.08mg/m^3$、N,N-二甲基乙酰胺为 $0.12mg/m^3$、丙烯酰胺为 $0.08mg/m^3$；固定污染源废气中甲酰胺为 $0.8mg/m^3$、N,N-二甲基甲酰胺为 $0.4mg/m^3$、N,N-二甲基乙酰胺为 $0.8mg/m^3$、丙烯酰胺为 $0.4mg/m^3$。方法利用水将气体中酰胺类化合物吸收，借助色谱实现分离，紫外检测器检测，保留时间定性，外标法定量。

3. 提取方法

　　对于环境空气，以 HJ/T 194 中的相关规定为依据。采样时，将装有 10.0mL 实验用水的多孔玻板吸收管，用聚四氟乙烯软管或内衬聚四氟乙烯薄膜的硅橡胶管连接至大气采样器，以 0.5L/min 流量采集环境空气样品 60min，同时，将采样现场打开两端但不与采样器连接的同批次多孔玻板吸收管中的水作为全程序空白样品。将样品吸收液全部转入 10mL 比色管中，用水定容至 10mL 标线，摇匀，过 $0.22\mu m$ 滤膜，弃去 2mL 初始液，收集滤液至 2mL 棕色样品瓶中，待测。

对于固定污染源废气，以 GB/T 16157 中的相关规定为依据。采样时，将装有 50.0mL 实验用水的多孔玻板吸收瓶用聚四氟乙烯软管或内衬聚四氟乙烯薄膜的硅橡胶管连接至烟气采样器，将采样枪加热至 120℃ 以上，以 1.0L/min 流量采集固定污染源废气样品 30min。可根据实际浓度，适当延长或缩短采样时间。全程空白样品制备同环境空气样品。将废气样品吸收液全量转入 50mL 比色管中，用水定容至 50mL 标线，摇匀，过 0.22μm 滤膜，弃去 2mL 初始液，收集滤液至 2mL 棕色样品瓶中，待测。

4. 液相色谱检测方法

采用水＋乙腈（97＋3）溶液为流动相，柱温为 30℃，流速为 0.5mL/min，进样量为 5.0μL，检测波长为 198nm；用于定性的辅助波长为 195nm 和 205nm。将试样溶液、系列标准溶液和空白样品溶液依次测定，记录色谱峰的保留时间和色谱峰高（或峰面积），见图 1-41。

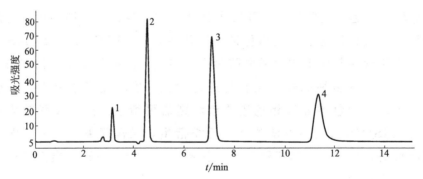

图 1-41　4 种化合物的标准色谱图
1—甲酰胺；2—丙烯酰胺；3—N,N-二甲基甲酰胺；4—N,N-二甲基乙酰胺

检测说明：鉴于酰胺类化合物的最大吸收波长在 190～220nm 之间，在 195nm、198nm 和 205nm 处均能获得较好的检测效果，但文献表明，205nm 处响应稍低，195nm 处会有杂峰干扰，故以 198nm 为定量检测波长。

在本方法规定的条件下，其他有机物可能会产生干扰，可采用不同辅助波长下的吸光度比值、紫外光谱图或质谱图定性。根据干扰物的性质，采用合适的方法去除干扰。

环境空气和废气中酰胺类化合物的浓度（mg/m³）按照公式进行计算：

$$c = \frac{V_1 \times c_1}{V_s}$$

式中　c——环境空气或废气中酰胺类化合物的浓度，mg/m³；

　　　c_1——由标准曲线计算所得酰胺类化合物的浓度，mg/L；

　　　V_1——吸收液体积，mL；

V_s——标准状态（101.325kPa，273.2K）下的采样体积，L。

5. 应用特点

与 LC-MS/MS 相比，HPLC 在定性判断方面略有不足，无法提供准确的结构信息。通常 HPLC 的定性均由与标品保留时间比对的方式完成，本方法中加入两个辅助定性的波长，借助目标物在不同波长下的吸光度比值辅助定性，可在一定程度上弥补保留时间定性的不足。

第二章
液相色谱与质谱的联用技术及应用

第一节 概　　论

一、液相色谱的局限性及联用的必要性

HPLC 自 19 世纪 70 年代问世以来，凭借高压输液和快速分离的特点在生物、医药、化工、食品、环境等领域获得了广泛的应用。作为一种卓越的分离手段，HPLC 为复杂的混合物分离提供了最有效的选择，但是，HPLC 对于判别分离组分结构信息的能力却一直进展缓慢。

在 HPLC 技术快速发展初期，HPLC 对于已知化合物的定性主要依赖各组分与相应标准物质比对后的保留特性进行定性判断，这种方式常常在复杂体系中受到干扰。

20 世纪 80 年代后期出现的 PDAD 用一系列的光电二极管取代了传统的光电倍增管，在一次色谱操作中可同时获得多波长的吸光度，并采用现代微机技术将各组分的保留时间、吸收波长和吸光度汇合一起，同时提供定量和定性的色谱信息。这一模式在一定程度上弥补了 HPLC 难以定性的不足，但该方法对无紫外-可见吸收的化合物及未知的物质同样不适用。

对于未知化合物，HPLC 本身没有鉴别的能力，往往通过将相应的组分收集、浓缩后借助质谱、红外光谱、紫外光谱、原子吸收光谱和核磁共振波谱等技术进行结构鉴定，但这种方法要求待鉴定的组分必须为纯物质，如果该组分不纯，还需要再进行另一性质的色谱分离后再进行结构鉴定。作为一种离线的分离鉴别组合，这种方法准确、灵敏，适用性强，但操作上较为烦琐。

从结构鉴别的技术手段分析，质谱技术是一种有效的化合物鉴定技术，其原理是使试样中各组分在离子源中发生电离，生成不同荷质比的带电荷的离子，经加速电场的作用，形成离子束，进入质量分析器，再利用电场和磁场使发生相反的速度色散，将它们分别聚焦而得到质谱图，从而确定其质量，同时通过碰撞碎裂机理，还可以获得进一步的结构信息。因此，随着质谱技术的发展，质谱技术的应用领域也越来越广，目前已在

化学、化工、环境、能源、医药、运动医学、刑事科学技术、生命科学、材料科学等各个领域获得普遍认可。但质谱的分析鉴定要求化合物具有一定的纯度。

显而易见，HPLC 的优点在于分离，获得一定纯度的组分，而 MS 的优点则在于对具有一定纯度的化合物进行结构鉴定，因此只要将 HPLC 与质谱连接，就可以弥补 HPLC 无法定性的技术短板，实现复杂样品中化合物分离鉴定的双重任务。事实上，1957 年，J. C. Holmes 和 F. A. Morrell 就实现将 GC 和质谱联用，为挥发性强的化合物的分离、鉴定奠定了基础。但是，已知化合物中约 80% 的化合物是亲水性强、挥发性低的有机物、热不稳定化合物及生物大分子，这些化合物的分析不适宜用气相色谱分析，只能依靠液相色谱。因此，不论是提高 HPLC 的定性鉴别能力，还是为了扩大化合物分析的范围，都有必要使 HPLC 和 MS 优势互补，实现液相色谱分离和质谱结构鉴别的在线联用。

二、联用接口的特点及要求

MS 的分析和检测都需要在真空体系中进行，而 HPLC 与 MS 联用的困难在于 HPLC 的流动相是液体，一旦直接引入 MS，会破坏质谱系统的真空，从而干扰样品的检测。因此，HPLC 与 MS 联用的首要问题是真空匹配。HPLC 的末端是具有一定流速的液体，但进入 MS 端则必须维持足够的真空，所以必须在接口和 MS 的检测室之间形成真空梯度，这样才能既满足液相常压引入，又符合质谱真空检测的需要。目前商品化的串联仪器都采用分段、多级抽真空的模式，以维持接口到检测室的动态真空梯度的要求。

在真空匹配的基础上，HPLC 与 MS 联用的接口还需要符合如下特征：

① 可进行有效的样品传递。一般要求通过接口进入质谱的样品应确保能获得足够的离子，以保证联用后仪器的灵敏度。

② 样品在接口的传递具有良好的重现性。

③ 样品在接口部分不应发生任何化学变化。如有变化，则需要遵循一定的规律，并可通过质谱的分析结果进行推断。

④ 接口处的流速与真空系统的离子化要求必须匹配。

⑤ 接口应该能去除一部分流动相中杂质对质谱可能造成的污染。

第二节　质谱简介

一、质谱技术的发展

质谱（mass spectroscopy）技术是建立在原子、分子电离及离子光学理论基础之上的应用技术，可获得无机、有机和生物分子的分子量和分子结构，可对复杂混合物各组分进行定性和定量测定。早在 19 世纪末，E. Goldstein 在低压放电实验中观察到正电荷粒子，随后 W. Wein 发现正电荷粒子束在磁场中发生偏转，这些观察结果为质谱的诞生提供了充足的准备。世界上第一台质谱仪于 1912 年由英国物理学家 Joseph John Thomson（1906 年诺贝尔物理学奖获得者、英国剑桥大学教授）研制成功。到 20 世纪 20 年代，质谱逐渐成为一种分析手段，被化学家采用。此时，质谱主要用来测定元素或同位素的原子量，相应的质谱仪为同位素原子质谱，在地质、原子能工业应用很多。从 40 年代开始，分子质谱广泛用于有机物质分析，当时石油工业采用这种技术来定量分析催化裂解中产生的碳氢混合物。而传统此类物质的分析是采用分馏和示差折光来对单个成分进行分析，完成一次常规分析通常需要 200h 甚至更多。如果采用质谱，用几个小时或更少的时间就可以得到这些信息。这一优势推动了商品化质谱仪器的产生和迅猛发展。1966 年，M. S. B. Munson 和 F. H. Field 报道了化学电离源（chemical ionization，CI），质谱第一次可以检测热不稳定的生物分子；到了 80 年代左右，随着快原子轰击（FAB）、电喷雾（ESI）和基质辅助激光解析（MALDI）等新"软电离"技术的出现，质谱能用于分析高极性、难挥发和热不稳定样品后，生物质谱的概念出现并飞速发展，逐渐成为现代科学前沿的热点之一。由于具有迅速、灵敏、准确的优点，并能进行蛋白质序列分析和翻译后修饰分析，生物质谱已经无可争议地成为蛋白质组学中分析与鉴定肽和蛋白质的最重要的手段。

相对于早期的原子质谱或无机元素质谱，人们把后来出现的以有机分子为主要研究对象的分子质谱、生物质谱等称为有机质谱，这也是本文介绍的重点。无机元素质谱和有机质谱的主要区别如下：

1. 获得的信息量不同

原子质谱一般提供元素及其同位素原子质量，其谱图简单，信息量较少；有机质谱可给出分子离子、碎片离子、亚稳离子等多种离子及相互关系，说明分子裂解机理，谱图一般较为复杂，可提供分子量、官能团、元素组成及分子结构等多种信息。

2. 进样方式不同

原子质谱被分析试样可直接作为离子源的一个或两个电极，一般不需要独立进样器；而有机质谱涉及试样种类繁多，存在形态有气体、液体、固体，分子量范围宽，热稳定性差，多以混合物形式存在，这些均不同于无机元素。因此，有机质谱有多种进样系统和方式，技术比较复杂。

3. 离子化技术差异

无机元素质谱一般采用高温热电离、火花电离等比较激烈且较成熟、适用的离子化技术；而有机分子一般不耐高温，采用能量相对较低的粒子流电离，为了获得分子离子及其他各种碎片离子等，发展出多种适应不同结构分子的离子源和离子化技术，从电子电离、化学电离到大气压电离、基质辅助激光解吸电离。至今还未发展出能很好适应生物大分子的满意电离技术。离子化技术是促进分子质谱发展的重要推动力。

4. 质量范围不同

原子质谱测定质量范围在元素周期表各元素的同位素原子量范围内，最大也只有几百；而分子质谱研究质荷比范围一般为 $10 \sim 10^3$，可高达数万至数十万，即比原子质谱质荷比范围高 $2 \sim 3$ 个数量级。质量范围不同导致仪器设计参数、结构和分析技术存在较大差异。

有机质谱在近 50 年来发展迅速，包括同位素质谱在内的无机元素质谱的部分技术要素也逐渐融入有机质谱的研究中，因此有机质谱已成为现代质谱领域的主体。后文中涉及的质谱均指有机质谱。

质谱可在一次分析中提供丰富的结构信息，因此对样品的在线/离线的分离纯化提出了更高的要求，而将分离技术与质谱法相结合是检测方法中的一项突破性进展。如用质谱法作为 GC 的检测器已成为一项标准化 GC 技术被广泛使用。由于 GC-MS 不能分离不稳定和不挥发性物质，所以发展了液相色谱（LC）与质谱法的联用技术。LC-MS 可以同时检测糖肽的位置并且提供结构信息。1987 年首次报道了毛细管电泳（CE）与质谱的联用技术。CE-MS 在一次分析中可以同时得到迁移时间、分子量和碎片信息，因此它是 LC-MS 的补充。

在众多的分析测试方法中，质谱学方法被认为是一种同时具备高特异性和高灵敏度且得到了广泛应用的普适性方法。质谱的发展对基础科学研究、国防、航天以及其他工业、民用等诸多领域均有重要意义。

二、质谱仪的分析原理及基本结构

(一) 质谱仪的分析原理

质谱分析法是一种物理分析方法，它是通过将样品转化为运动的气态离子，按质荷比（m/z）大小进行分离并记录其信息的分析方法。所得结果以图谱表达，即所谓的质谱图（亦称质谱，mass spectrum）。根据质谱图提供的信息可以进行多种有机物及无机物的定性和定量分析、复杂化合物的结构分析、样品中各种同位素比的测定及固体表面的结构和组成分析等。

质谱仪是利用电磁学原理，使气体分子产生带正电运动离子，并按质荷比将它们在电磁场中分离的装置。以线型单聚焦质谱仪为例说明质谱分析法的基本原理，其仪器结构如图 2-1 所示。试样成为蒸气状态后，从进样器进入离子源，在离子源中产生正离子。正离子加速进入质量分析器，质量分析器将其按质荷比大小不同进行分离。分离后的离子先后进入检测器，检测器得到离子信号，放大器将信号放大并记录在读出装置上。

离子电离后经加速器进入磁场中，其动能与加速电压及电荷 z 有关，符合能量守恒

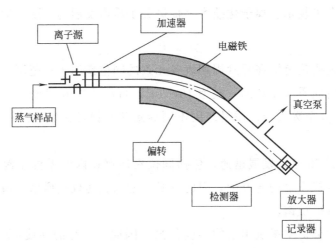

图 2-1　线型单聚焦质谱仪的结构示意图

定律 [式 (2-1)]，而具有速度 v 的带电粒子进入质谱分析器的电磁场中，由于受到磁场的作用，使离子做弧形运动，符合式 (2-2)：

$$zeU = \frac{1}{2}mv^2 \tag{2-1}$$

$$\frac{mv^2}{R} = Bzv \tag{2-2}$$

式中　z——离子的电荷数；

　　　e——一个电子所带电荷量（单位为库伦，$e = 1.60 \times 10^{-19}$ C）；

　　　U——加速电压；

　　　m——离子的质量；

　　　v——离子被加速后的运动速度；

　　　R——离子弧形运动的曲线半径；

　　　B——磁场强度。

由式 (2-1) 和式 (2-2) 可得离子质荷比 m/z 与运动轨道曲线半径 R 的关系：

$$\frac{m}{z} = \frac{B^2 R^2}{2U} \tag{2-3}$$

它是质谱分析法的基本公式，也是设计质谱仪的主要依据。由式 (2-3) 可以看出，离子的质荷比 m/z 与离子在磁场中运动的曲线半径 R 的平方成正比。加速电压 U 和磁场强度 B 都一定时，不同 m/z 的离子，由于运动的曲线半径不同，在质量分析器中彼此分开，并记录各自 m/z 的离子相对强度。根据质谱峰的位置进行物质的定性和结构分析；根据峰的强度进行定量分析。从本质上讲，质谱不是波谱，而是物质带电粒子的质量谱。

(二) 质谱仪的基本结构

1. 真空系统

质谱仪一般由真空系统、进样系统、离子源、质量分析器、检测器和数据处理系统等部分组成（如图 2-2）。由于空气中存在的大量氧气及其他杂质会对离子源造成损害，并产生质谱本底干扰，引发不必要的分子-离子反应，改变裂解模型，干扰离子源中电子束的正常调节，所以质谱仪的离子源、质量分析器和检测器必须在高真空状态下工作。真空一般分为粗真空（$1 \times 10^5 \sim 1.33 \times 10^{-1}$Pa）、高真空（$1.33 \times 10^{-1} \sim 1.33 \times 10^{-6}$Pa）和超高真空（$<1.33 \times 10^{-6}$Pa），常见的质谱仪都需要达到高真空。质谱真空的获得主要通过各种真空泵或者真空泵组来获得所需的真空度。

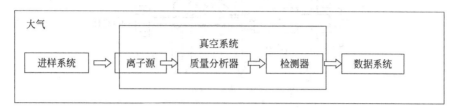

图 2-2　质谱仪的基本结构

按真空泵的工作原理，真空泵基本上可以分为两种类型，即气体传输泵和气体捕集泵。真空泵的技术指标主要有抽气量、抽气速度、极限压力和压缩比。其中抽气量是指被真空泵从一点传送到另外一点的气体数量，它取决于压力；抽气速度为单位时间内的抽气量；极限压力指真空泵所能达到的最低压力；而压缩比是排气口的压力与进气口压力的比值。

一般只用一种真空泵很难获得质谱正常工作所需的高真空，大多需要由几种真空泵组成真空抽气系统共同抽气后才能满足。质谱系统的粗真空通常由机械泵获取。根据抽气的原理，机械泵又可分为油封式旋片泵、涡旋式干泵、隔膜泵和罗茨泵等。高真空则由油扩散泵或涡轮分子泵实现。在系统运行过程中，机械泵作为前级泵抽真空到 $10^{-1} \sim 10^{-2}$Pa，然后由扩散泵或涡轮分子泵将真空度降至质谱仪工作需要的 $10^{-4} \sim 10^{-5}$Pa。虽然涡轮分子泵可在十几分钟内将真空度降至工作范围，但一般仍然需要继续平衡 2h 左右，充分排除真空体系内存在的水分、空气等杂质，以保证仪器工作正常。

2. 进样系统

进样系统的目的是在不破坏真空环境且有可靠重复性的条件下，将不同状态的试样引入离子源，一般包括直接进样和通过接口进样两种途径（见图 2-3）。直接进样一般在室温和常压下，将气态或液态样品通过一个可调喷口装置以中性流的形式导入离子源。对于吸附在固体上或溶解在液体中的挥发性物质可通过顶空分析器进行富集，利用吸附柱捕集，再采用程序升温的方式使之解吸，经毛细管导入质谱仪。对于固体样品，常用进样杆直接导入，将样品置于进样杆顶部的小坩埚中，通过在离子源附近的真空环境中加热的方式导入样品，或者可通过在离子化室中将样品从一可迅速加热的金属丝上解吸，或者使用激光辅助解吸的方式进行。这种方法可与电子电离、化学电离以及场电离结合，适用于热稳定性差或者难挥发物的分析。但目前发展较快的主要是采用液质联用的接口进样技术，包括各种传送装置和喷雾技术，将在下文中详细介绍。

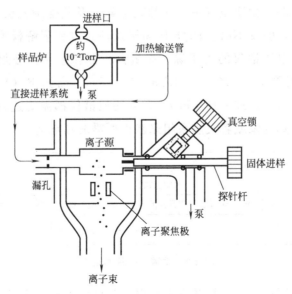

图 2-3 两种进样途径示意图
上图为用加热的贮样器及漏孔进样；
下图为用插入真空锁的试样探针杆进样

3. 离子源

离子源的作用是将被分析的样品中性原子或分子电离成带电的气态离子，并使这些离子在离子光学系统的作用下，汇聚成有一定几何形状和一定能量的离子束，然后进入质量分析器被分离。其性能直接影响质谱仪的灵敏度和分辨率。离子源的选择主要依据被分析物的热稳定性和电离的难易程度，以期得到分子离子峰或特征结构碎片峰。

离子源根据电离能量的大小，可分为硬电离源和软电离源两种。硬电离源采用足够的能量碰撞分子，使它们处在较高的激发能态，通常可以提供被分析物质所含功能基的类型和结构信息。而软电离源所获得的质谱图中，分子离子峰的强度很大，碎片离子峰较少且强度较低，但提供的质谱数据可以得到精确的分子量。常见的 EI、CI、ESI 和 MALDI 等离子源的分类及特征如表 2-1 所示。由于离子源事实上将色谱分离和质谱分析串接在一起，因此离子源技术也称作接口技术，具体的信息将在接口部分详细叙述。

表 2-1 不同电离方式的特点

电离方式	化合物类型	进样形式	阳离子	阴离子	质荷比范围	主要特点
EI	小分子、低极性、易挥发	GC 或液体/固体吸附于探针	是	否	1～1000	硬电离，重现性高,结构信息多
CI	小分子、中低极性、易挥发	GC 或液体/固体吸附于探针	是	是	60～1200	软电离，提供分子离子信息
ESI	小分子、蛋白质、多肽、非易挥发	液相色谱或直接注射样品溶液	是	是	100～50000	软电离，多电荷离子

电离方式	化合物类型	进样形式	阳离子	阴离子	质荷比范围	主要特点
FAB	碳水化合物、有机金属化合物、蛋白质、非挥发性	试样溶于黏稠基质中	是	是	300～6000	软电离,比ESI和MALDI硬
MALDI	多肽、蛋白质、核酸	试样与固体基质混合	是	是	500000	软电离,适应高分子化合物

4. 质量分析器

质量分析器是质谱仪的核心,它将离子源产生的离子按质荷比(m/z)的不同,根据空间位置、时间的先后或轨道的稳定与否进行分离,以得到按质荷比大小顺序排列的质谱图。质量分析器是确保仪器具有高灵敏性、高准确性、高选择性、宽分析检测范围等强大功能的重要部分。经色谱分离、离子源离子化的大量离子进入高真空的质谱体系,并进行一级碎裂、二级碎裂甚至多级碎裂,实现MS_1、MS_2以至MS_n的功能,从而使质谱能够根据质荷比分析从几道尔顿到几万道尔顿不等的质量碎片。

质量分析器将带电离子按质荷比加以分离,并记录不同离子的质量数和丰度。质量分析器的两个主要技术参数是所能测定的质荷比(质量数)的范围和分辨率。依据设计原理的不同,分为四极质量分析器(四极杆滤质器)、扇形磁场分析器、离子阱分析器、飞行时间分析器和傅里叶变换分析器等。不同的质量分析器直接决定了质谱仪的类型。

5. 检测器及数据处理系统

检测器的作用是将来自质量分析器的离子束进行放大并进行检测,色谱-质谱联用仪中常用的检测器主要有电子倍增管及其阵列、离子计数器、感应电荷检测器、法拉第收集器等。

电子倍增管是质谱仪中应用最广泛的检测器之一。由于单个电子倍增管基本上没有空间分辨能力,难以满足质谱检测的需要,因此,在用作质谱检测器时通常将电子倍增管微型化,集成为微型多通道板检测器。除了阵列检测器外,电荷耦合器件(CCD)等在光谱学中广泛使用的检测器也引起了人们的极大重视。

离子计数器是一种非常灵敏的检测器,一般多用来进行离子源的校正或离子化效率的表征。对一般电子倍增管而言,一个离子能够在10^{-7}s内引发$10^5\sim10^8$个电子,对绝大多数有机物检测、生物化学研究领域的质谱仪而言,其灵敏度已经足够。但在某些地球化学、宇宙学研究中,则需要用离子计数器来进行检测,其检测电流可以低于每秒钟一个离子的水平,一般离子源的信号至少也是离子计数器检出限的10^{10}倍。

数据处理系统的功能是快速、准确地采集和处理数据;设置并监控质谱及色谱各单元的工作参数及实时状态;对化合物进行自动的定性定量分析;按用户要求自动生成分析报告。

三、主要的商品化质谱仪类型

自 1911 年第一台质谱仪诞生以来，质谱仪器本身在不断发展，出现了多种类型的质谱仪器。按照质量分析器的类型，目前比较常见的质谱仪器可分为四极杆质谱、飞行时间质谱、离子阱质谱仪、磁质谱和傅里叶离子回旋共振质谱仪等。

(一) 四极杆质谱仪

四级杆质谱仪（quadrupole mass spectrometer，Quadrupole MS，QMS）的名字来源于其四级杆质量选择器（quadrupole mass analyzer，QMA）。四级杆质量选择器是一种基于离子的质荷比（mass to charge ratio）使离子轨道（ion trajectory）在振荡电场（oscillating electronic field）中趋于稳定（stabilization）的设备。该质谱仪由四根带有直流电压（DC）和叠加的射频电压（RF）的准确平行杆构成，相对的一对电极是等电位的，两对电极之间电位相反。当一组质荷比不同的离子进入由 DC 和 RF 组成的电场时，只有满足特定条件的离子作稳定振荡通过四极杆，到达监测器而被检测，质量过小的离子会受到很大的电压影响，从而进行非常激烈的振荡，导致碰触极杆失去电荷而被真空系统抽走，质量过大的离子因为不能受到足够的电场牵引，最终导致碰触极杆或者飞出电场而无法通过质量选择器（图 2-4）。最终通过扫描 RF 场可以获得质谱图。

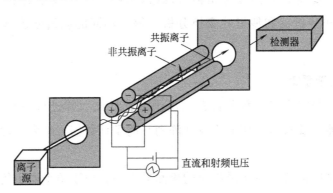

图 2-4　四级杆质谱示意图

四级杆质谱仪的优点在于四极杆成本低，价格便宜，尽管质荷比的分析范围只能达到 3000，但由于分析器内部可容许较高压力，很适合在大气压条件下产生离子的离子化方式，并且蛋白质和其他生物分子带多电荷后所产生的电荷分布一般在 3000 以下，所以其无论是在食品、环境领域还是在生化、医药领域都应用较为广泛。

然而，由于单一四级杆质谱仪的解析能力偏低，尤其在确定未知物质方面的能力有所欠缺。虽然有学者通过源内 CID 实现结构信息的分析，但依然无法避免源内跟子离子质荷比一样的背景离子的干扰。因此，近年来，人们不再依赖单一的四级杆质谱进行结构分析，而是通过多个四级杆的串联使用，以多重质谱分析（tendem mass spectrometry，tendem MS）的模式获得待测物的结构信息。通过多级质谱，离子在两组四级杆系统中间通过独立的腔体进行裂解操作，借助对特定质量的离子所产生的碎片进行分析，就可得到该离子的结构信息，同时避免其他杂质离子的干扰。这种串联组合也称为三重四级杆质谱，定性定量准确，在生物化学以及有机化学中起到了至关重要的作用，应用极为广泛。

(二) 飞行时间质谱仪

飞行时间质谱仪（time of flight mass spectrometer，TOF MS）是一种很常用的质谱仪。这种质谱仪的质量分析器是一个离子漂移管。由离子源产生的离子加速后进入无场漂移管，并以恒定速度飞向离子接收器。离子质量越大，到达接收器所用时间越长，离子质量越小，到达接收器所用时间越短。根据这一原理，可以把不同质量的离子按 m/z 值大小进行分离。

飞行时间质谱仪可检测的分子量范围大，扫描速度快，仪器结构简单。这种飞行时间质谱仪的主要缺点是分辨率低，因为离子在离开在离子源时初始能量不同，使得具有相同质荷比的离子达到检测器的时间有一定分布，造成分辨能力下降。改进的方法之一是在线性检测器前面加上一组静电场反射镜，将自由飞行中的离子反推回去，初始能量大的离子由于初始速度快，进入静电场反射镜的距离长，返回时的路程也就长；初始能量小的离子返回时的路程短，这样就会在返回路程的一定位置聚焦，从而改善了仪器的分辨能力。这种带有静电场反射镜的飞行时间质谱仪也被称为反射式飞行时间质谱仪（reflectron time-of-flight mass spectrometer）。

随着基质辅助激光解吸离子化技术的出现和计算机技术的发展，飞行时间质谱仪在 20 世纪 90 年代得到快速发展。目前，最好的飞行时间质谱分析仪分辨率能够达到 20000Da，准确度非常高。飞行时间质谱仪在很大程度上取代了高分辨双聚焦磁扇谱分析仪，但其不能有效地利用选择离子监测模式进行分析。在高分辨质谱的选择离子监测模式分析中仍然主要使用双聚焦质谱仪。为了使用分辨率高的质谱分析化合物的二级质谱图，人们尝试将飞行时间质谱与其他质谱串联使用，目前使用比较多的是四极杆-飞行时间串联质谱仪，可以帮助我们更准确地了解化合物裂解后离子碎片的信息。

(三) 离子阱质谱仪

利用离子阱作为分析器的质谱仪称为离子阱质谱仪（ion trap mass spectrometer mass spectrometer，IT MS）。离子阱是一种将离子通过电磁场限定在有限空间内的设备。离子阱（ion trap）大致分为三维离子阱（3D ion trap）、线性离子阱（linear ion trap）、轨道离子阱（orbitrap）三种。

三维离子阱是由 W. Paul 发明的，并获得 1989 年诺贝尔物理学奖。三维离子阱，通常由一对环形电极（ring electrod）和两个呈双曲面形的端盖电极（end cap electrode）组成（如图 2-5）。在环形电极上加射频电压或再加直流电压，上下两个端盖电极接地。逐渐增大射频电压的最高值，离子进入不稳定区，由端盖极上的小孔排出。因此，当射频电压的最高值逐渐增高时，质荷比从小到大的离子逐次排除并被记录而获得

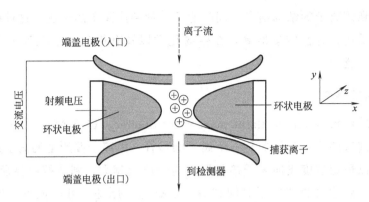

图 2-5　三维离子阱的示意图

质谱图。离子阱质谱可以很方便地进行多级质谱分析，对于物质结构的鉴定非常有用。这种由一对环电极和两个双曲面端电极形成的离子阱，由于具有 z 轴的旋转对称性，故称为三维离子阱，离子聚焦的位置是在中心的一个点上，具有比较大的空间电荷效应，常规的三维离子阱的离子存储数目为几千个。

　　线性离子阱结构与四级杆质谱非常相似，由两组双曲线形级杆和两端的两个极板组成。两组级杆中，其中一组施加一个交变电压，另一组施加两个交变电压（图 2-6）。在其中一组级杆上开有窄缝，通过改变三组交变电压驱动离子从窄缝射出。线性离子阱在进行多级质谱分析（MS-MS）时，首先限定目标质量的离子。通过调整交变电压，将大于以及小于目标质量的离子射出，从而使得仅有一个质量的离子存在于离子阱中。由于线性离子阱是将离子聚焦在中心线上，离子数量较三维离子阱多数倍，因此，线性离子阱的检测灵敏度较三维离子阱高数倍。目标质量范围被称为 isolation width。之后通过向离子阱内注入气体（通常为氦气或氮气），与离子发生碰撞使其被打成碎片。也有直接通过钨丝的热电效应释放的电子来击碎离子，这种方法非常类似于电子电离（electron ionization，EI）。

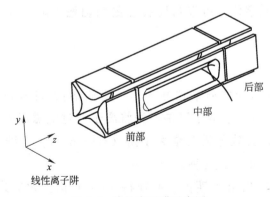

图 2-6　线性离子阱示意图

　　轨道离子阱（orbitrap）在原始专利中的名称是静电场离子阱（electrostatic trap），可视为四极离子阱的变形，不同的是，轨道阱使用静电场，而四极离子阱使用射频电场。轨道离子阱的工作原理类似于电子围绕原子核旋转。由于静电力作用，离子受到来自中心纺锤形电极的吸引力。由于离子进入离子阱之前的初速度以及角度，离子会围绕中心电极做圆周运动。离子的运动可以分为两部分：围绕中心电极的运动（径向）和沿中心电极的运动（轴向）。因为离子质量不同，在达到谐振时，不同离子的轴向往复速度是不同的。设定在离子阱中部的检测器通过检测离子时产生的感应电流，继而通过放大器得到一个时序信号。因为多种离子同时存在，这个时序信号实际是多种离子同时共振在不同频率的混频信号。通过傅里叶变换（fast fourier transform，FFT）得到频谱图（因此也将其划为傅里叶质谱）。因为共振频率和离子质量的直接对应关系，可以由此得到质谱图。

　　轨道离子阱体积非常小（外径与 1 欧元硬币的直径差不多，见图 2-7），但其支持系统非常庞大。轨道离子阱需要非常苛刻的真空环境，通常为 10^{-14} Pa，这个数值接近外太空真空水平。但其解析度可达 140000［静电场轨道阱质谱 Thermo（R）Orbitrap Exactive］，280000［三合一轨道阱质谱 Thermo（R）Orbitrap Fusion］。此解析度可以分辨质子与中子间的质量差。

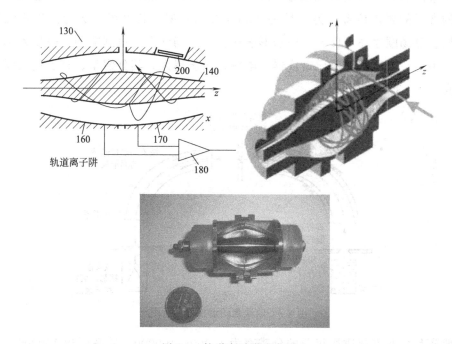

图 2-7　轨道离子阱示意图

（四）磁质谱

　　磁质谱以磁铁形成磁场作为质量分析器的质谱，依据相同动能的离子在相同磁场中的偏转结果不同而将它们区分开。常见的磁质谱可分为单聚焦分析器（single-focusing analyzer）和双聚焦分析器（double-focusing analyzer），前者为单一扇形磁场，后者由电场、磁场串联而成。在有机物质的分析中主要使用双聚焦分析器。

　　扇形磁质谱仪即为单聚焦型质谱仪器，之所以这样命名，是因为从离子源出来具有相同质荷比但具有微小的速度差别的离子通过磁场方向聚焦到一点。由于离子源的离子能量遵守 Boltzmann 能量分布，即从离子源出来的离子具有不同的动能，而磁场具有能量色散作用，从而限制扇形磁质谱仪的分辨率（$R \leqslant 5000$），不能满足有机物分析要求。

扇形电场是一个能量分析器，如果在扇形电场出口设置一个狭缝，可起到能量过滤作用。让离子束首先通过一个由两层光滑的弧形金属板组成的静电分析器（electrostaticanalyzer，ESA），向外电极加上正电压，内电极为负压。由于存在电势差，扇形静电分析器可以使能量超出一定范围上限的离子碰撞到静电分析器上层的金属板而无法到达磁场区；同样，能量低于下限的离子将会碰撞到静电分析器下层的金属板而被除去。这样，可消除试样离子能量分散对分辨率的影响，只有一定能量的离子通过能量限制狭缝，即将到达扇形磁场区的离子动能限制在一个非常窄的范围。这也是双聚焦质谱仪器的基本原理（图 2-8）。

双聚焦质谱仪器在离子几何学设计上有多种类型，最典型的是采用反偏转方向配置扇形电场和扇形磁场分析器，如 Mattauch-Herzog 型双聚焦质谱仪器，其独特之处在于它的能量聚焦和方向聚焦的位置是一致的，通常可使用感光板记录谱线。感光板就安装在所有的离子的聚焦位置。另一种是 Nier-Johnson 型，其电场、磁场为顺式配置。此外，电场、磁场顺序亦可反转，即扇形磁场在静电场前面。根据电场、磁场大小，可分为小型、中型、大型双聚焦质谱仪器，电场、磁场越大，其分辨率、分子量范围等性能指标越高。

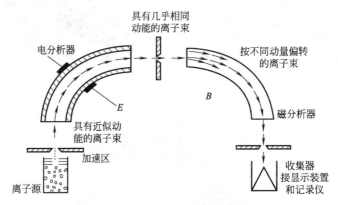

图 2-8　双聚焦质谱仪器示意图

一般商品化双聚焦质谱仪器的分辨率为 10000～100000，最高可达 150000，质量测定准确度可达 $0.03\mu g/g$，即对于分子量为 600 的化合物可测至误差 ± 0.0002。双聚焦分析器的优点是分辨率高，缺点是扫描速率慢，操作、调整比较繁复，而且仪器造价也比较昂贵。而且由于质量分辨能力仅与离子的初始动能和初始位置有关，因此，要想获得高分辨的质量区分能力，应尽可能使输入磁质谱中的离子具备单一的初始动能。在商业化磁质谱仪器中通常采用复杂的离子光学系统来选择单一动能的离子束，但过于复杂的光学系统会导致离子传输效率下降，进而影响检测灵敏度。

磁质谱作为最早出现的质谱仪，其设计和制造技术成熟，定量分析准确，质量分辨率较高，但灵敏度一般，且结构复杂，体积较大，成本较高，多用于元素分析、地质、矿产、考古和材料表面分析等领域。

（五）傅里叶变换离子回旋共振质谱

傅里叶变换离子回旋共振（Fourier transform ion cyclotron resonance，FTICR）质谱法也称作傅里叶变换质谱分析，这是一种根据给定磁场中的离子回旋频率来测量离子质荷比（m/z）的质谱仪。其原理为：在一个由电子捕集板材构成的磁场——彭宁阱（Penning trap）中的离子被垂直于磁场的振荡电场激发出一个更大的回旋半径，这种激发作用同时会导致离子的同相移动，形成离子束。当回旋的离子束接近一对捕集板时，捕集板上会检测到影像电流信号，这种信号被称为自由感应衰减（FID），是一种由许多重叠的正弦波组成的瞬态或干涉图。通过傅里叶变换，可以从这些信号数据中提取出有用的信号形成质谱（图 2-9）。

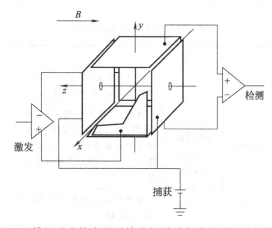

图 2-9　傅里叶变换离子回旋共振质谱仪分析池原理示意图

FTICR MS 的核心是分析池，在垂直磁场方向上设置互相垂直的两组电极，一组电极激发电子使其以较大半径产生回旋运动，另一组则接收由周期性运动于两极之间带电离子产生的感应电流。检测极接收的高频电流周期与离子的回旋运动周期相同，根据不同质荷比离子的回旋周期不同的原理，就可通过检测电流信号的频率来计算离子的质荷比，而且信号的强度反映离子的丰度。

实际检测时多种质荷比离子同时进入检测池，FTICR MS 用特定波形的高频电场，把某一质量范围内的离子同时激发到半径较大的回旋轨道上，各离子以各自的回旋频率运动，在检测极上就感应出叠加的多种频率电流信号，通过傅里叶变换可快速把时域谱变换成频域谱，再从频率换算成质荷比，最终获得各离子的质荷比及丰度。

FTICR MS 无需将离子分离，同时检测不同离子的质荷比及丰度，具有比扫描型质谱（磁质谱、四极杆等）高得多的灵敏度；用感应电流检测离子的方式是非破坏性的，离子可继续被储存、分析，从而实现多级质谱分析。它还具有两个重要的特点：超高分辨能力和质量精确度，很容易实现几十甚至上百万的分辨率。

FTICR MS 与其他质谱分析仪器最大的不同点在于，它不是用离子去撞击类似电子倍增器的感应装置，只是让离子从感应板附近经过。而且对于物质的测定也不像其他技术手段一样采用时空法，而是根据频率来进行测量。利用象限仪（sector instruments）检测时，不同的离子会在不同的地方被检测出来；利用飞行时间法（time-of-flight）检测时，不同的离子会在不同的时间被检测出来；而利用 FTICR MS 检测时，离子会在给定的时空条件下被同时检测出来。目前，FTICR-MS 被广泛地应用于生物大分子的研究领域。

综上所述，目前主流的质谱仪各有特点，各自在不同的领域发挥着各自的作用。表2-2 归纳了上述 5 类质谱仪的特点。与其他定性鉴别技术相比，质谱技术具有分析速度快、动态范围宽、灵敏度高等优点，因此被广泛应用于国防、航天、海洋、医药、生物、化学、化工、食品安全、环境保护等诸多领域。近年来，诸如蛋白质组学、代谢组学等领域复杂样品的检测研究反过来又推动了质谱技术和质谱仪器的进一步发展。

表 2-2 不同质谱仪的特征

类型	测定参数	质量范围	分辨率	优点	缺点
四级杆	质量/电荷	$m/z3000$	2000	适合电喷雾，易于正负离子模式切换，体积小，价格低	测量范围限于 $3000m/z$，与 MALDI 兼容性差
离子阱	频率	$m/z2000$	1500（轨道离子阱可以更高）	体积小，中等分辨率，设计简单，价格低，适合多级质谱，正负离子模式易于切换。21 世纪以来，轨道离子阱的突破可实现高分辨	测量范围限于商品水平
磁场	动量/电荷	$m/z20000$	10000	分辨率高，分子量测试准确，中等测量范围	要求高真空，价格高，操作烦琐，扫描速度慢
TOF MS	飞行时间	$m/z\infty$	15000	质量范围宽，扫描速度快，设计简单	价格较高
FTICR MS	频率	$m/z10000$	30000	高分辨率，适合多级质谱	需高真空和超导磁体，操作困难，价格昂贵

第三节　液相色谱和质谱的连接接口

自 20 世纪 70 年代初，人们开始致力于 HPLC 与 MS 联用接口技术的研究。在开始的 20 年中处于缓慢的发展阶段，研制出了许多种联用接口，但均没有用于商业化生产。直到大气压离子化（atmospheric-pressure ionization，API）接口技术的问世，液质联用技术才得到迅猛发展，广泛应用于实验室内分析和应用领域。

HPLC 与 MS 联用接口技术主要是沿着三个分支发展的：

① 流动相进入质谱直接离子化，形成了连续流动快原子轰击（continuous-flow fast

atom bombarment，CFFAB）技术等；

②　流动相雾化后除去溶剂，分析物蒸发后再离子化，形成了"传送带式"接口（moving-belt interface）和离子束接口（particle-beam interface）等；

③　流动相雾化后形成的小液滴解溶剂化、气相离子化或者离子蒸发后再离子化，形成了热喷雾接口（thermo spray interface）、大气压化学离子化（atmospheric pressure chemical ionization，APCI）和电喷雾离子化（electrospray ionization，ESI）技术等。

一、液体直接导入接口

1972 年，Tal'roze 等人提出了直接将色谱柱出口导入质谱的思想，当时称之为毛细管入口界面，通常采用金属毛细管或带孔薄膜在质谱的入口获得细小、均匀的液滴，再经加热脱去溶剂进入质谱。之后，相继有许多研究组开展这方面的研究，在 1980 年这种液质接口已经用于商业化生产。为了避免非挥发溶剂的污染，Melera 使用一个小的横隔膜对这一接口进行了改进，研制成了较为经典的液体直接导入接口（direct liquid introduction interface，DLI）技术。该接口是将液相色谱的流动相沿着进样杆流动，然后通过一个直径为 $3\sim5\mu m$ 的针孔，使液体射入质谱仪的 CI 离子源中。采用传统的 CI 离子源可以很容易地把色谱与质谱仪相连或脱开。DLI 的优点是：接口简单，造价低廉，可将非挥发性和热不稳定性的化合物温和地转化成气态，样品以溶液状态进入质谱形成了 CI 条件，可得到分子量信息。缺点是：分流过程中需要减少大量的流动相，使用的隔膜经常堵塞。

二、连续流动快原子轰击

1985 年和 1986 年，快原子轰击（FAB）和连续流动快原子轰击（CFFAB）接口技术相继问世，并随后投入了商业化生产。FAB 是用加速的中性原子（快原子）撞击以甘油调和后涂在金属表面的有机物（"靶面"），导致这些有机化合物的电离。分析物经中性原子的撞击获取足够的动能以离子或中性分子的形式由靶面逸出，进入气相，产生的离子一般是准分子离子。在此基础上发展的 CFFAB，得到更广泛的应用。若样品直接置于靶面上，表面的损坏会使产生的二次离子流迅速下降，因此，实际测定过程中采用液体基质负载样品，使表面的缺损不断获得更新，从而延长二次离子流维持恒定的时间。依据样品的性质选择恰当的基质是关键，通常理想的基质必须具备如下特点：①蒸气压低；②可溶解目标物质；③液体基质的黏滞性足够低；④化学稳定性好；⑤热稳定性好。甘油是最常用的一种基质。CFFAB 所有甘油的浓度在 2%～5%之间，比静态的FAB 使用的甘油量少，且测定过程中"靶面"得到不断更新，其物理化学性质变化很小，同时经色谱分离后的共存物质不会同时出现在"靶面"上，因此大大降低了噪声，信噪比提高，定量分析的重现性也得到改善。常用的基质如表 2-3 所示。

表 2-3　FAB 常用的基质

基质	分子量	沸点	背景离子	应用
甘油	92	182℃/20mm	MH^+,$[MH+nM]^+$	普通基质
硫甘油	108	118℃/5mm	$[MH-H_2O]^+$,$[MH+nM]^+$	肽、抗生素、金属有机物
间硝基苄醇	153	175℃/3mm	MH^+,$[MH+nM]^+$	肽、蛋白质
二乙醇胺	105	217℃/150mm	MH^+,$[MH+nM]^+$	多糖
三乙醇胺	149	190℃/5mm	MH^+,$[MH+nM]^+$	多糖
硫代二甘醇	94	—	$[MH-H_2O]^+$,$[MH+nM]^+$	金属有机物
二硫苏糖醇/ 二硫赤糖醇(5:1)	154	—	$[MH-H_2S-H_2]^+$,$[MH+nM]^+$	金属有机物、肽
四亚甲基砜	120	285℃	MH^+,$[2M+H]^+$	肽
聚乙二醇	62+n(44)	—	$(CH_2CH_2O)_2H^+$,MH^+	多糖

　　这类离子源通常由离子枪、电子聚焦透镜、中和器组成，在离子枪中，用离子轰击惰性气体氩（或氙），得到的氩（或氙）离子经电子透镜聚焦并加速，高速运动的离子经过中和器，中和掉离子束所携带的电荷，成为高速定向运动的中性原子束，用此原子束轰击置于靶标上溶于低挥发的液体基质中的目标化合物，使化合物电离并从基质上溅射出来。溅射出的有机化合物经质量分析器分离后被检测器检测。在分析有机分子时，铯离子常常作为轰击离子，与惰性气体相比，这种离子束的能量可以在 $5\sim25kV$ 范围内调整，以适应不同分析目的的需求，从而使得快原子轰击电离子源的分析范围大大扩展，更适用于有机大分子的分析。

　　快原子轰击离子生成机制的理论有两个：化学电离模式和前体模式。前者认为，待测目标物的离子是在液态基质上方的气液边界形成的。由于基质液体不断受到初级离子的冲击，在这个界面上存在一个类似于化学电离时形成的气态等离子体，从而引发一系列双分子反应，使目标物分子被质子化而形成［$M+H$］$^+$。等离子体的存在还可以解释低极性分子会形成 M^+·和 M^-·的现象。因为初级离子会将目标物分子从基质表面溅射出来，这些气相分子上的电子在受到撞击后就会发生分子电离；而过量的基质形成的离子也可以使目标物分子离子化。支持这个观点的实验结果有：①离子的形成在很大程度上依赖于气态基质分子的存在；②挥发性化合物的 FAB 质谱图与相应的 CI 质谱图具有相似性。前体模式则认为那些能在基质液体中被质子化或去质子化的目标物离子在过程中出现去溶剂化效应。在脂肪胺混合物的 FAB 质谱图中，各个待测物的峰的相对丰度与其在气相中的分压无关，但对基质酸度很敏感的现象为这个模式提供了支持。此外，FAB 谱图中会观察到未完全去溶剂化的基质加合离子峰，以及基质本身的质子加合聚合离子也从另一个角度佐证了这一论点。

　　FAB 接口的优点：是一种"软"离子化技术，适用于分析热不稳定、难以气化的化合物，尤其是对肽类和蛋白质的分析在当时是最有效的。缺点是：只能在较低的流量下工作，一般小于 $5\mu L/min$，大大限制了液相柱的分离效果，流动相中使用的甘油会使离子源很快变脏，同时容易堵塞毛细管，混合物样品中共存物质的干扰也会抑制分析物的离子化，降低灵敏度。FAB 是一种离线离子源（off-line），所以这个技术不能进行样品分离，因而也难以进行自动分析。

三、"传送带式"接口

1977 年，世界上第一台商业化生产的液-质联用接口就是使用传送带式（moving-belt，MB）技术，是由 Mac Fadden 等人对前人研制的传送线式接口技术的改进。该接口是液相的流动相不停地由传送带送入质谱离子源，传送带可根据流动相的组成进行调整。在传送过程中，样品闪蒸解离进入离子源，在进入离子源前通过两个不同的泵和真空阀在减压条件下加热除去流动相，可以连接 EI、CI 或 FAB。在分析未知化合物时，可连接 EI 分析，获得的谱图可以在质谱数据库进行检索。分析大分子生物样品时，多选用 FAB。在 CI 条件下，在样品与 CI 等离子体完全接触的状态下才可获得最佳结果。

传送带式接口的优点是：对挥发性溶剂的传送能力高达 1.5mL/min，对纯水会减少至 0.5mL/min；喷射装置与传送带表面呈 45°夹角时，可以改善色谱积分曲线；非挥发性缓冲液可以从传送带上除去，可以使用非挥发性缓冲溶液；对样品的收集率和富集率都较高。缺点是：传送带的记忆效应不易消除，检测信号的背景值较高，只能分析热稳定性的化合物。

四、离子束接口

离子束接口（particle-beam interface，PB）是从单分散气溶胶界面（monodisperse aerosol generating interface for chromatography，MAGIC）发展来的。该接口将液相色谱的流动相在常压下借助气动雾化产生气溶胶，气溶胶扩展进入加热的去溶剂室，此时待测分子通过一个动量分离器与溶剂分离，然后经一根加热的传送管进入质谱。分析物粒子在离子源与热源室的内壁碰撞而分解，溶剂蒸发后释放出气态待测分子即可进行离子化。

离子束接口的优点是：分析范围比热喷雾接口更宽，将电离过程与溶剂分离过程分开，更适合于使用不同的流动相，不同的分析物质；主要用于分析非极性或中等极性、分子量小于 1000 的化合物，在药残、药物代谢分析、化工方面曾有许多成功的实例分析。其缺点是：灵敏度变化范围大，线性响应的浓度范围较窄，两种化合物的协同洗脱会对响应产生不可预测的效应，使用高速氦气造价太高，离子化手段仍然是电子轰击，不适于分析热不稳定的化合物。

五、热喷雾接口

热喷雾接口（thermo spray interface）是从 20 世纪 70 年代中期开始在美国休斯敦

大学实验室立项研究，旨在解决在液相和质谱之间传送 $1mL/min$ 流速水溶液流动相的难题，可使用 EI 和 CI 两种离子化源。在最初的设计中非常复杂，直到 1987 年，在那之后的 5 年内得到突飞猛进的发展。该接口是将液相色谱的流动相通过一根电阻式加热毛细管进入一个加热的离子室，毛细管内径约 0.1mm，比液体直接导入接口的取样孔大很多。毛细管的温度调节到溶剂部分蒸发的程度，产生蒸汽超声喷射，在含有水溶剂的情况下，喷射中含有夹带荷电小液滴的雾状物。由于离子室是加热的，并由前级真空泵预抽真空，当液滴经过离子源时继续蒸发变小，有效地增加了荷电液滴的电场梯度。最终使其成为自由离子而从液滴表面释放出去，通过取样锥内的小孔离开热喷雾离子源。热喷雾接口的优点是：可以减少进入质谱的溶剂量，对不挥发的分析物分子也可电离，可以接受的溶剂流量大致范围为 $0.5\sim2.5mL/min$，但不允许有不挥发性缓冲溶液。缺点是：该接口技术的重现性较差，受溶剂成分、取样杆温度及离子源温度的影响；是一种软电离技术，在谱图中只有分子离子峰，碎片非常少；对分析物要求有一定的极性，流动相中要有一定量的水，对热稳定性差的化合物有明显的分解作用。

六、激光解吸离子化接口及基质辅助激光解吸离子化接口

激光解吸离子化是指在脉冲式激光照射下产生光致电离和解吸作用，获得分子离子和有结构信息的碎片，尤其适用于结构复杂、不易气化的大分子。而基质辅助激光解吸离子化是指为了减少分子的过分碎裂，在激光解吸离子化（laser desorption ionization，LD）基础上引入辅助基质。基质的作用为稀释样品，使簇合的大分子解离，同时通过基质吸收激光能量后转移给样品，避免激光直接照射样品分子而引起样品分解，而且通过质子转移等过程使样品分子离子化。基质辅助激光解吸离子化（matrix assisted laser desorption ionization，MALDI）的工作原理是用小分子有机物作基质，将样品溶液和基质混合均匀，干燥成为晶体或半晶体后送入离子源内，然后用一定波长的脉冲式激光照射，基质分子能有效地吸收激光能量，瞬间由固态转化为气态，基质离子与样品相互碰撞使样品离子化而得以进行质谱分析。常用的基质分子有 2,5-二羟基苯甲酸、芥子酸、烟酸和 2-氰基-4-羟基肉桂酸等。

MALDI 的优点为离子化有效，能量高，指向性强，与其他方式相比，可获得很强的准分子离子峰，碎片离子峰很少，能直接测定难于电离的样品，特别是生物大分子物质，如多肽、核酸、蛋白质等。目前开发的 MALDI 接口可以测定高达上百万的分子量，其精度可达 0.2%，所需样品一般为 $50pmol\sim100fmol$。但是，在 MALDI 的使用过程中，共存物质的干扰也十分明显。如果样品不纯，制成的结晶的透明度较差，就会影响质谱信号，严重时会导致质谱无信号产生。

七、（大气压）电喷雾离子化接口

电喷雾（ESI）技术作为质谱的一种进样方法起源于 20 世纪 60 年代末 Dole 等人的

研究，直到 1984 年 Fenn 实验组对这一技术的研究取得了突破性进展。1985 年，将电喷雾进样与大气压离子源成功连接。1987 年，Bruins 等人发展了空气压辅助电喷雾接口，解决了流量限制问题，随后第一台商业化生产的带有大气压离子化（API）源的液质联用仪问世。ESI 的大发展主要源自于使用电喷雾离子化蛋白质的多电荷离子在四极杆仪器上分析大分子蛋白质，大大拓宽了分析化合物的分子量范围。

与热喷雾接口将溶剂加热蒸发后直接进入低压的喷雾室的过程相比，ESI 是在大气压环境下完成喷雾，并且溶液必须借助高电场形成正、负以及多电荷离子，这也是 ESI 接口的重要特征。

ESI 源主要由五部分组成：①流动相导入装置；②真正的大气压离子化区域，通过大气压离子化产生离子；③离子取样孔；④大气压到真空的界面；⑤离子光学系统，该区域的离子随后进入质量分析器。在 ESI 中，离子的形成是分析物分子在带电液滴的不断收缩过程中喷射出来的，即离子化过程是在液态下完成的。液相色谱的流动相流入离子源，在氮气流下汽化后进入强电场区域，强电场形成的库仑力使小液滴样品离子化，离子表面的液体借助于逆流加热的氮气分子进一步蒸发，使分子离子相互排斥形成微小分子离子颗粒。这些离子可能是单电荷或多电荷，取决于分子中酸性或碱性基团的体积和数量。

具体的电喷雾原理可分为三个部分：①电喷雾过程；②真空接口；③辅助技术。

(一) 电喷雾过程

电喷雾过程实质上是电泳过程，即通过高压电场分离溶液中的正离子和负离子。如在正离子模式下，电喷雾电离针相对真空取样小孔保持很高的正电位，负电荷离子被吸引到针的另一端，在半月形的液体表面聚集大量的正电荷离子。液体表面的正电荷离子质检相互排斥，并从针尖处的液体表面扩展除去，当静电场力与液体的表面张力保持平衡时，液体表面锥体的半顶角为 49.3°，在 G. Taylor 的研究工作中称之为 "Taylor 锥体"，随着小液滴的变小，电场强度逐渐加强，过剩的正电荷克服表面张力形成小液滴，最终从 Taylor 锥体的尖端溅射出来（库仑爆炸），见图 2-10。

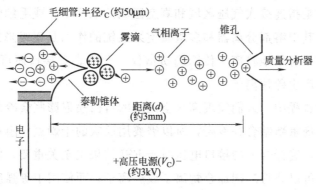

图 2-10　小液滴分离过程

目前关于小液滴进一步去溶剂成为气态离子的机理通常有两种经典的说法：离子蒸发机理和电荷残留机理。前者认为小液滴经过一系列溶剂挥发和库仑爆炸后，带电雾滴的直径会达到一个临界点（$R \leqslant 10nm$），此时，带电雾滴表面携带的电荷间的库仑力排斥增大，为降低带电雾滴携带的电荷，雾滴中的溶剂化带电离子会被雾滴表面携带的电荷排斥，直接抛出雾滴而导致离子形成。该模型可以解释小分子及无机离子的形成过程，但在涉及生物大分子时遇到了一些困难。而电荷残留机理同样也是从电场使溶液带电形成带电雾滴开始，当带电雾滴的直径达到约 1nm 时，内含的待测分子数仅为 1，随着带电的雾滴在电场作用下运动并迅速去溶剂化，雾滴所带的电荷在去溶剂化时被保留在分子上，结果形成了离子化的分子。这个最先由 Dole 提出的机理也得到了许多实验数据的支持，尤其是生物大分子方面。现在一般认为，在 ESI 源中这两种机理是并存的，对于小分子和无机分子，离子蒸发机理起主要作用，而在涉及生物大分子时，电荷残留机理在离子形成中扮演主要角色。不管何种机理，目标物所携带的电荷均为从溶液状态下获得，因此溶液的酸碱度对离子的形成至关重要，在采用正离子模式时，酸性环境有利于正离子的形成，在采用负离子模式时，碱性环境利于离子形成。

如果将电喷雾电离看成电泳机理，则像水这样的极性或导电性的溶剂似乎更适合电喷雾，然而水的表面张力很大，会带来另外的问题，为了使纯水产生电喷雾就必须提供一个很高的喷雾电压，于是当喷雾电离针带有极高的负电压（负离子模式）时会出现发射电子的麻烦，这种情况会抑制离子的生成，还会损坏离子源内的元件。相比之下，采用甲醇作为溶剂，当喷雾毛细管半径为 $50 \mu m$，喷雾针尖与反相电极之间的距离为 5mm 时，则电喷雾的电压为 1.27kV，换成水则电压上升到 2.29kV。目前针对这一现象提出了减小喷雾针直径的方法，当喷雾针的直径由 $50 \mu m$ 减到 $10 \mu m$ 时，纯水的喷雾电压就可从 2.29kV 降至 1.3kV，这也是近年兴起的纳升喷雾技术的优点之一。因此，事实上一般不主张用 100% 的水作为电喷雾离子化的溶剂，常用的是各种比例的水与甲醇或乙腈的混合液。

(二) 真空接口

真空接口通常是指连接大气压区域和真空区域的取样小孔或毛细管，它们主要起到限制流量的作用。其中溶剂分离器和多级真空泵系统的作用是逐级降低压力，离子透镜组可以聚焦离子束并有效地将离子传输到质谱仪，此外真空接口还可裂解溶剂簇离子，通过碰撞诱导解离产生碎片离子。

在实际的喷射过程中，人们发现高真空区域的自由喷射膨胀会冷却，从而导致离子在真空接口处与溶剂重新结合并冷凝，所以需要用反吹的干燥氮气阻止中性溶剂分子进入真空接口。此外，选择合适的接口电压对于 ESI 结果也至关重要，使用小的接口电位差或低的碰撞能量可以获得溶剂加合物离子或簇离子；而使用中等强度的接口电位差或中等强度的碰撞能量则可以观察到单电荷或多电荷的准分子离子。显而易见，小分子化合物的最佳分析条件和大分子化合物的最佳实验条件是不同的，寻找最佳的 ESI 源的真空接口试验参数的方法是用标样来优化，因为标样离子的化学性质和待分析目标物的分析离子是一致的。

（三）辅助技术

当流速变大时，电喷雾效果很难保持稳定，而喷气辅助雾化通过使用反吹喷雾气流雾化小液滴从而形成气溶胶的方式确保了在高压电场引发电荷分离后喷雾有效进行。

超声波喷雾是产生气溶胶的另外一种方式，其与喷气辅助雾化相比具有更多独特的性能，但由于电离针和电源的成本较高，且电离针容易堵塞、更换困难，限制了超声波喷雾的应用。

偏轴喷雾的概念在大流速 ESI 源中应用极广。这种设计最初出现在 SCIEX 公司的 ESI 源上，喷气辅助气溶胶的喷射角度与真空取样小孔大致呈 45°，通过电场将带电小液滴从气溶胶中提取出来，还同时完成了电荷分离和小液滴分裂过程。而随后出现的垂直喷雾、Z 型喷雾等都属于这类辅助技术。

电喷雾离子化技术的突出特点是：可以生成高度带电的离子而不发生碎裂，可将质荷比降低到各种不同类型的质量分析器都能检测的程度，通过检测带电状态可计算离子的真实分子量，同时，解析分子离子的同位素峰也可确定带电数和分子量。另外，ESI 可以很方便地与其他分离技术连接，如液相色谱、毛细管电泳等，可方便地纯化样品用于质谱分析，因此在药残、药物代谢、蛋白质分析、分子生物学研究等诸多方面得到广泛的应用。其主要优点是：离子化效率高；离子化模式多，正负离子模式均可以分析；对蛋白质的分析分子量测定范围高达 10^5 以上；对热不稳定化合物能够产生高丰度的分子离子峰；可与大流量的液相联机使用；通过调节离子源电压可以控制离子的断裂，给出结构信息。ESI 技术的缺点在于每个电喷雾的变量（如真空度、电势、溶剂的挥发性、溶液的导电性、电解质的浓度、样品液的各种物理特性等）都有一个应用的限制范围，同时，必须根据需要解决的问题去仔细选择实验参数或技术条件。另一个限制因素是溶剂的选择范围和可以使用的溶液范围，尤其是当遇到使用纯水或高导电性溶液时，这个问题就很难解决，很多是凭经验的。同时，质谱检测器对不同复合物的响应变化范围较大（如：与蛋白质相比，电喷雾质谱对糖的灵敏度低），这将妨碍准确的定量分析。另外，由于溶液参数控制喷雾过程，因此，即使在良好的条件下也存在离子信号的波动。电喷雾接口示意图见图 2-11。

八、大气压化学离子化接口

大气压化学离子化（APCI）技术应用于液-质联用仪是由 Horning 等人于 20 世纪 70 年代初发明的，直到 20 世纪 80 年代末才真正得到突飞猛进的发展，与 ESI 源的发展基本上是同步的。但是 APCI 技术不同于传统的化学电离接口，它是借助于电晕放电启动一系列气相反应以完成离子化过程，因此也称为放电电离或等离子电离。从液相色

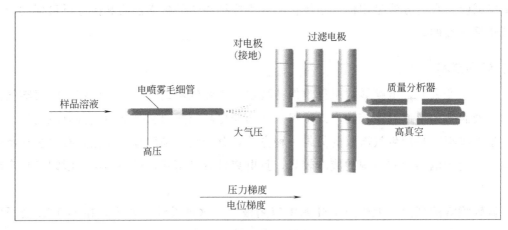

图 2-11 电喷雾接口示意图

谱流出的流动相进入一具有雾化气套管的毛细管，被氮气流雾化，通过加热管时被气化。在加热管端进行电晕尖端放电，溶剂分子被电离，充当反应气，与样品气态分子碰撞，经过复杂的反应后生成准分子离子。然后经筛选狭缝进入质谱计。整个电离过程是在大气压条件下完成的。

APCI 的优点是：形成的是单电荷的准分子离子，不会发生 ESI 过程中因形成多电荷离子而发生信号重叠、降低图谱清晰度的问题；适应高流量的梯度洗脱的流动相；采用电晕放电使流动相离子化，能大大增加离子与样品分子的碰撞频率，比化学电离的灵敏度高 3 个数量级；液相色谱-大气压化学电离串联质谱成为精确、细致分析混合物结构信息的有效技术。

九、大气压光电离接口

大气压光电离接口（APPI）用紫外灯或激光取代了 APCI 的电晕放电，利用光化学作用使带有共轭双键的化合物选择性电离，由于其选择性好，所以对特定的化合物具有较高的灵敏度。在 APPI 中，来自液相色谱的流动相及样品首先在雾化气的作用下形成细小雾滴，随后被喷射蒸发，由光源发射的光子与气态被分析物发生相互碰撞产生离子，而后离子被引入质谱仪进行质量分析，得到质谱图。现阶段，已经有两种不同方式的大气压光电离离子源应用于仪器分析测定中，其中一种是直列式离子源，另一种是正交式离子源。虽然这两种方式都可以顺利地完成光致电离作用，但其设计原理大不相同；直列式离子源通常在有掺杂剂辅助的情况下完成电离作用；正交式离子源允许样品直接电离而不需要掺杂剂的帮助。为了增加测定灵敏度，掺杂剂往往被应用于正交式离子源中。

与 ESI 和 APCI 相比，APPI 的应用优点如下：它可以同时电离出极性和非极性的小分子物质，让用户单次注射分析更多的化合物；测定过程中大幅度减小了基质效应和相对离子抑制作用，从而简化了样品的净化程序，节省了样品的前处理时间，可以获得更好的分析物回收率，保证了分析数据的质量；测定结果拥有达到 5 个数量级的动态线性范围，是定量分析者首选的离子源方式。

APPI 是软电离技术应用于液质联用的最新离子化方法，它的开发与应用提高了弱极性化合物的分析灵敏度，扩大了可离子化化合物的检测范围，拓展了质谱仪的分析应用领域。LC-APPI-MS/MS 技术已经广泛应用于食品、医药以及环境基质中非极性化合物的分析测定中，灵敏度和特异性高。

综上所述，离子化接口技术将高流量的液相色谱和高真空的质谱体系进行"联用"，使欲分析的样品电离，得到带有样品信息的离子，令其进入质谱的真空系统。经过近年来的发展，目前液质联用中常用的离子化接口为大气压离子化（API）接口，其包括大气压电喷雾离子化（ESI）、大气压化学离子化（APCI）和大气压光离子化（APPI）3种，由于大气压离子化过程独立于高真空状态的质量分析器之外，故不同大气压离子化接口之间可方便地随意切换。

第四节　主流的液相色谱-质谱联用仪

随着接口技术的突破，HPLC 与 MS 的联用仪器也进入快速发展时期。1977 年，LC-MS 开始投放市场；1978 年，LC-MS 首次用于生物样品中的药物分析；1989 年，LC-MS/MS 取得成功；1991 年，API LC-MS 用于药物开发；1997 年，LC-MS 用于药物动力学筛选；1999 年，API Q-TOF LC-MS/MS 投放市场，大气压离子化接口的应用，彻底改变了面貌，使其迅速成为生物、制药、食品、化工、环境等领域中应用最广的分析仪器。

早期的液质联用仪都是单级四级杆质谱（即 LC-MS 模式），可对目标物进行全扫描和选择离子扫描，具有定量和定性的能力，但是在分析复杂基质样品时，LC-MS 难以排除基质的干扰，不易解决共流出化合物的定性和定量，也无法区分同分异构化合物。采用多级质谱技术，通过提取目标离子进一步碎裂的方式获取更多的分子信息，就可以轻易解决上述问题。因此，进入 21 世纪以来，多级质谱与 HPLC 的联用逐渐成为主流技术。目前，在各行各业应用最为广泛的液相色谱-质谱联用仪主要有液相色谱-三重四级杆质谱联用仪、液相色谱-四级杆-飞行时间质谱联用仪、液相色谱-四级杆/线性离子阱-轨道离子阱质谱仪和液相色谱-离子阱-飞行时间质谱等。

一、液相色谱-三重四级杆质谱联用仪

液相色谱-三重四级杆质谱联用仪（LC-MS 或 LC-MS/MS）是将两个高分辨四级杆与一个用于碰撞的四级杆在空间上进行串联，再与 HPLC 连接的分析仪器。其中，高

分辨四级杆（Q1 和 Q3）用于进行离子筛选，而另一个四级杆（q2）主要用于碰撞碎裂离子（见图 2-12）。Q1、q2 和 Q3 的空间串联被称作三重四级杆串联技术，采用这种技术的质谱也叫三重四级杆质谱或 QqQ 质谱，这种质谱仪可以最大限度地发挥四级杆的定量能力和串级质谱的定性能力。

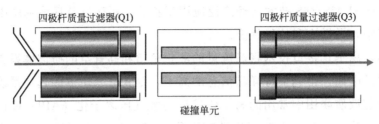

图 2-12　QqQ MS 连接结构示意

　　具体的分析过程中，Q1 主要根据设定的质荷比范围扫描和选择所需的离子（即前体离子）；q2 则作为碰撞池，用于聚集和传送前体离子，引入碰撞气体，通过碰撞形成产物离子碎片；Q3 用于对经 q2 碰撞后前体离子产生的碎片离子进行检测，也可筛选产物离子，定量相应离子碎片的强度。进一步的研究发现，q2 采用六级杆的设计，拥有更好的聚焦和传输离子的能力，因此，目前的商品化仪器中，q2 不再使用四级杆，但仍然沿用三重四级杆的名称。三重四级杆质谱的接口通常采用电喷雾离子化或大气压化学电离等模式。

　　在液质联机中使用的碎片化手段，能量都是以碰撞的形式输送给分子离子，这个能量足以使得处在能量亚稳态分子中的某些化学键断裂并使一些特定的分子发生结构重排。常见的碎裂方式为：选择一定质量的离子作为母体离子，进入碰撞室，室内充有靶反应气体（碰撞气体：N_2、He、Ar、Xe、CH_4 等），发生离子-分子碰撞反应，从而产生"子离子"。

　　LC-MS/MS 根据分析的要求，可采用全扫描、子离子扫描、母离子扫描、中性碎片丢失监测、选择离子监测和多反应监测（MRM）等扫描模式。表 2-4 列出了各种扫描模式的特征。其中，MRM 模式为精确定性定量的主要扫描模式，在商品检验和司法鉴定等领域应用极为广泛。

表 2-4　LC-MS/MS 的各种扫描模式特征

模式	Q1	q2	Q3	用途和特点
全扫描	扫描离子	不碰撞，仅传输	无分辨，仅传输	了解样品组分的基本信息
子离子扫描	固定过滤母离子	碰撞碎裂母离子	扫描产物离子	研究母离子的结构特征
母离子扫描	扫描母离子	碰撞碎裂	固定过滤子离子	筛选具有特征子离子结构的分子
中性丢失扫描	扫描母离子	碰撞碎裂	扫描子离子，与母离子有特征差异	筛选具有特征结构的分子，此结构不易形成子离子
选择离子监测(SIM)	根据设定过滤离子	不碰撞，仅传输	无分辨，仅传输	定量
多反应监测(MRM)	根据设定过滤母离子	碎裂母离子	根据设定过滤子离子	定量，假阳性率低

二、液相色谱-四级杆-飞行时间质谱联用仪

液相色谱-四级杆-飞行时间质谱联用仪（LC-Q-TOF）与 LC-MS/MS 在空间串联的结构上比较类似，主要是用飞行时间质量分析器替代了三重四级杆中 Q3 四级杆，即由四极杆和飞行时间质谱组成的空间串联型质谱与 HPLC 通过接口连接的仪器，图 2-13 为 Q-TOF 的结构示意图。其中四极杆主要起离子导向和质量分选功能，而装有反射器的飞行时间分析装置与四极杆垂直配置，主要进行质量分析，两者之间的碰撞活化室（通常是一组六级杆）能实现碰撞诱导解离（CID）。与 LC-QqQ 模式相比，由于 TOF 的分辨率远高于四级杆，故 LC-Q-TOF 可实现高分辨检测。

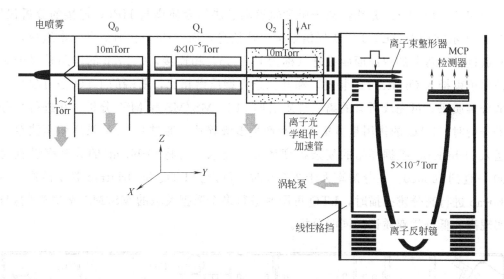

图 2-13　Q-TOF 结构示意图

在进行 MS/MS 质谱实验时，第一级四极杆质谱选取单一离子并将它送入碰撞活化室与碰撞气体发生碰撞，使母离子发生诱导裂解，然后所有离子到达垂直飞行时间质谱的加速器中，在推斥极的作用下，离子进入 TOF 进行质量分离和检测。LC-Q-TOF 仪器通常配备电子喷雾电离源（ESI）和基质辅助激光电离源（MALDI），可以分别实现与高效液相色谱联用或直接进样。

LC-Q-TOF 通常有三种工作模式：MS 扫描，TOF 一级质谱分析和 TOF 二级质谱分析。MS 扫描一般用于四级杆的质量校正，不针对样品。进行 TOF 一级质谱分析时，HPLC 流出的组分经由电喷雾电离源气化形成离子，经过四极杆离子光学系统的调制形成可控离子束进入飞行时间质量分析器，离子束被垂直引入加速区加速，进入无场漂移区，经过二级反射镜后再返回，打在微通道板（MCP）上产生电脉冲信号，然后经过信号转换输出色谱-质谱二维图。这种模式可以获得大分子乃至肽的指纹图谱及蛋白质的图谱。进行 TOF 二级质谱分析时，第一重四极杆选择母离子，加速至一定能量，进入只有射频的碰撞池与惰性气体碰撞而碎裂生成产物离子，这些离子再经加速和聚焦进入 TOF 分析器，按照质荷比进行分离。这种模式主要用于进一步选择目标碎片（通常

是肽指纹图谱中的肽段）来进行二级质谱，从而得到更大量的信息，增加鉴定结果的准确性，尤其有利于对未知蛋白的研究。

LC-Q-TOF 的优点在于能够提供高灵敏度、高选择性和高分辨的谱图，不经纯化即可获得化合物的信息，其定性能力优于 QqQ，而且速度快，适用于生命科学的大分子量复杂样品的分析；但其仪器的成本较高，需要仔细维护，检测灵敏度、线性范围、仪器稳定性也不及 QqQ。

三、液相色谱-四级杆/线性离子阱-轨道离子阱质谱仪

LC-LTQ-Orbitrap 是线性离子阱和轨道离子阱组合质谱与 HPLC 连接的分析仪器。图 2-14 所示结构中，LTQ 主要提供结构碎片信息，而 Orbitrap 则提供元素组成，二者之间通过一个弯曲的双曲面四极杆（称为 C-Trap）相连接，C-Trap 的作用是离子聚焦和把离子束推入 Orbitrap 的装置。和其他杂交型质谱相比，前端的 LTQ 是可独立工作的低分辨质谱，可完成所有的离子阱质谱如 MS、MS/MS 和 MS^n 分析。在进行高分辨质谱分析时，LTQ 的作用是富集离子和产生多级碎片，通过 C-Trap 被压缩至狭窄一束后送入 Orbitrap。根据样品的复杂程度和分析要求，可将 Orbitrap 的分辨率设置为从7500 一直到 100000。在分辨率大于 30000 时，可设置 LTQ 和 Orbitrap 联动模式，即在Orbitrap 进行高分辨扫描时，LTQ 可同时进行多个数据关联的 MS/MS 或 MS^n 的扫描，可实现高、低分辨双质谱的同时分析。

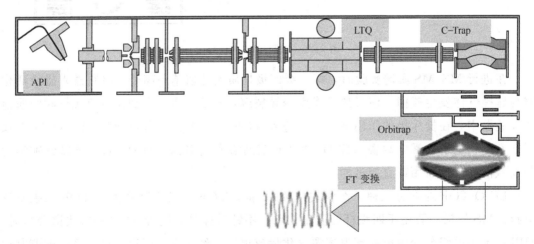

图 2-14　LTQ Orbitrap 高分辨质谱仪的结构

作为高分辨质谱，与 Q-TOF 相比，LC-LTQ-Orbitrap 具有如下优点：①分辨率高，且可在 7500～100000 范围内调节；②质量准确度可达 3mg/L，Q-TOF 一般为10～20mg/L；③动态范围更宽，接近 4 个数量级；④可以提供多达 10 级的碎片离子信息，而 Q-TOF 一般只能进行二级质谱分析。

LTQ-Orbitrap 具有高分辨多级质谱性能，功能灵活多样，运行稳定可靠，使用维

护方便，运行成本低，是一种可被用于常规分析检测的高端质谱仪器，是复杂样品多残留物筛查、化合物结构确证最先进的工具，在蛋白质组学、代谢组学等研究领域也已成为不可缺少的主要手段。

LC-Q-Orbitrap（商品名为 Q Exactive）是上述 LTQ-Orbitrap 的改型，用四级杆取代了 LTQ，其结构如图 2-15 所示。这种模式将四极杆的母离子选择性与 Orbitrap 高分辨能力相结合，具有快速扫描和多重检测的性能。其中，四级杆主要用于前体离子的筛选，Orbitrap 提供元素组成等信息，而 C-trap 则进行离子聚焦和离子投送，与 LTQ-Orbitrap 相比，高能碰撞诱导解离（HCD）池是一个特殊的结构，其可以接收从 C-Trap 处转入的目标离子，并进行碰撞碎裂后，再传回 C-Trap 进入 Orbitrap 进行分析。这种新型 C-Trap 离子光学系统和 HCD 碰撞池提供了快速 HCD MS/MS 扫描，并改善了低质量数离子的传递，从而提高了灵敏度和定量性能，尤其适用于使用同位素标签的实验。

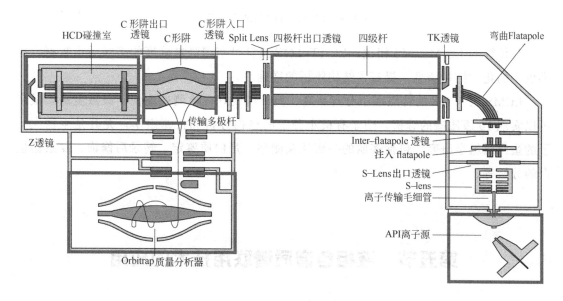

图 2-15　Q Exactive 仪器的结构示意图

LC-Q-Orbitrap 能够在单次分析中鉴定、定量和确认复杂混合物中更多痕量级的代谢物、污染物、肽类和蛋白质。与其他技术不同的是，该系统能够在不影响 MS/MS 灵敏度、质量分辨率或定量重现性的情况下，获得极其可靠的分析结果。先进的信号处理技术能够在全扫描模式和最大扫描速度下将系统分辨率提高至 300000，重检测提高了整体系统工作周期的效率，能够更好地与 UHPLC 兼容，并在 Orbitrap 同时检测之前收集并保存多达 10 种的前体离子。

四、液相色谱-离子阱-飞行时间质谱

液相色谱-离子阱-飞行时间质谱（LC-IT-TOF）是离子阱（通常是三维四级离子阱）与 TOF 空间串联后与 HPLC 联用的仪器，图 2-16 为其结构示意图。其中离子阱起

到选择和储存离子的作用，而 TOF 进行高分辨分析。离子阱质谱的最大优点是实现时间上的串联。目前最新的商品化仪器已经可以达到 11 级的串联。阱内场电势的作用使离子聚集在阱中央，持续时间可达数百毫秒，它可在一段时间内有选择性地积累离子，从而提高检测的灵敏度。这一点正好弥补了飞行时间质谱无法在加速区存储离子缺陷，因此，两者组合后实现了既可以作多级质谱，又能达到高质量精度的功能。

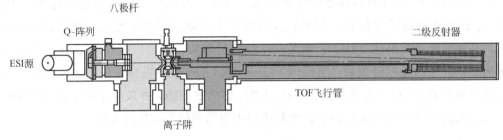

图 2-16   LC-IT-TOF 的结构示意图

与传统的 LC-MS/MS 相比，LC-IT-TOF 系统可获得高准确度的多级质谱数据，提供更多的化学结构信息，提高了结构解析的准确性。

LCMS-IT-TOF 的特点在于分辨率高、质量精度好、检测速度快、灵敏度高，最多可以实现 10 级质谱的分析，适于有机小分子的结构分析和代谢组学，尤其是生物大分子的蛋白质组学研究，包括多肽的一级从头测序、蛋白质鉴定、转录后修饰、复杂糖蛋白的分析等。

第五节   液相色谱质谱联用技术的应用

一、液相色谱-质谱联用技术在医药司法领域的应用

(一) 血液、尿液中 238 种毒 (药物) 的检测 (参考 SF/Z JD0107005—2016)

1. 背景简介

药物进入人体后，经过吸收、消化、代谢等过程，会以原型或代谢产物状态进入血液、尿液、毛发等，所以从血液和尿液的检测可以了解人体服用和注射药物的情况。在临床中，对血液和尿液中相应药物的检测有助于医生快速了解病人误食或服用药物甚至毒物的情况；在司法鉴定中，血液和尿液中毒物类型浓度的检测则有助于作出正确的司法判断；而对于常规的公安、缉毒而言，通过血液、尿液中药物的检测可以作为直接的证据加以应用，因此，应用快速、准确的方法对血液或尿液中的药物进行检测在医药和司法领域具有重要的意义。

2. 方法的选择

血液、尿液中药物的检测方法很多，几乎每一种药物在药物代谢研究中都有相应的检测方法，鉴于药物代谢研究过程中目标物常常是明确的，所以液相色谱法应用较多，且这种情况下药物的含量也相对较大，液相色谱较为合适。但在中毒、吸毒、滥用违禁药物等案例中，往往只能依据症状大致判断可能是使用了某类药物的情况下，目标物常常是模糊的，而且某些药物的含量也可能比较低，此时无法用液相色谱进行检测和判断，需要使用兼有筛查定性和准确定量特征的液相色谱串联质谱法进行检测。因此，近年来，临床的药物检验和司法鉴定技术领域，液相色谱串联质谱法逐渐成为血液、尿液中的药物检验的常规技术，所能检验的药物种类也日益增加。如由中国司法部司法鉴定局发布的司法鉴定技术规范 SF/Z JD0107005—2010《血液尿液中 154 种毒（药）物检测-液相色谱串联质谱法》中涉及药物 154 种，而 2016 年新版技术规范中药物种类就已增加至 238 种。

SF/Z JD01007005—2016 采用液相色谱串联质谱法对血液、尿液中阿片类、苯丙胺类、大麻酚类滥用药物、有机磷及氨基甲酸酯类杀虫剂、苯二氮䓬类、抗抑郁类、抗癫痫类、平喘类、解热镇痛类药物以及其他常见治疗药物共 238 种毒（药）物进行检测，方法的定量限为 1~20ng/mL（表 2-5）。该技术规范利用目标物可在碱性条件下被有机溶剂从生物检材中提取出来的特点，借助 LC-MS/MS 多反应监测手段，以保留时间、两对母离子/子离子对进行定性分析；以定量离子对峰面积为依据，内标法或外标法定量。

3. 提取方法

取血液或尿液 1mL，加入 10μL 地西泮-d_5 和双苯戊二氨酯（SKF$_{525A}$）内标溶液（1μg/mL），加入 2mL pH9.2 硼酸缓冲液后用 3.5mL 乙醚提取，混旋，离心。上清液于 60℃水浴中挥干，残余物中加入 200μL 流动相复溶，取 10μL 进 LC-MS/MS 分析。

同时按同样操作用空白血液或尿液制备空白样品提取液。

4. 仪器检测方法

液相色谱分离条件如下：Allure PFP Propyl 柱（100mm×2.1mm，5μm），接 C_{18} 保护柱，流动相为乙腈与含 20mmol/L 乙酸铵、0.1%甲酸的溶液（7:3），流速为 0.2mL/min，进样量为 10μL。

质谱条件如下：采用多离子反应监测模式，ESI$^+$，去簇电压和碰撞能量依据目标物母离子和子离子优化至最佳，离子喷雾电压 5500V，离子源温度 500℃。

采用上述色谱和质谱条件分别对标准系列溶液、试样溶液和空白试验溶液进样检测。

5. 定性分析

（1）筛选　筛选分析选取毒（药）物的第一对母离子/子离子。如果待测样品的 MRM 色谱图中出现峰高超过 5000 的色谱峰，则记录该峰的保留时间和对应的母离子/子离子对，筛选出可疑的毒（药）物，并进行空白添加实验，进行确证分析。

（2）确证　重新设定 LC-MS/MS 条件，按照筛查出的目标物增加可疑毒（药）物的另一对母离子/子离子。如果待测样品出现可疑毒（药）物两对母离子/子离子对的特征色谱峰，保留时间与添加样品中相应对照品的色谱峰保留时间比较，相对误差在±2.5％内，且所选择的离子对相对丰度比与添加对照品的离子对相对丰度比的相对误差不超过相对子离子对丰度比的最大允许相对误差，则可认为待测样品中检出此种毒（药）物成分。

表 2-5　238 种毒（药）物的 LC-MS/MS 分析资料

目标物名称		母离子/子离子对(m/z)		DP/V	CE(1/2)/eV	R_t/min	LOD/(ng/mL)
中文名	英文名	1	2				
苯丙胺	amphetamine	136.1/119.1	136.1/91.1	40	20/16	6.7	1
甲胺磷	methamidophos	142.1/94	142.1/112.1	60	20/17	1.74	20
甲基苯丙胺	methamphetamine	150.1/119.1	150.1/91.1	30	16/26	8.03	1
苯丁胺	phentermine	150/91.1	150/133.3	20	27/13	8.05	1
苯丙醇胺	phenylpropanolamine	152.1/134.3	152.1/117.2	40	16/24	5.15	20
金刚烷胺	amantadine	152.2/135.3		40	24	6.97	1
对乙酰氨基酚	acetaminophenol	152.3/110.2	152.3/93	50	21/31	1.56	10
尼古丁	nicotine	163.2/130.2	163.2/117.1	30	30/36	5.79	1
灭多威	methomyl	163.2/88.0		30	20	1.7	20
甲卡西酮	methcathinone	164.0/146.0	164.0/130.0	60	10/34	5.7	1
速灭威	metolcarb	166.1/109.1	166.1/81.1	50	19/31	2.26	1
麻黄碱	ephedrine	166.1/148.1	166.1/133.1	40	18/26	6.09	1
苯佐卡因	benzocaine	166.3/138.2	166.3/120.1	60	16/23	2.09	20
加巴喷丁	gabapentin	172.2/154.2	172.2/137.3	60	18/21	2.16	20
可铁宁	cotinine	177.2/101.2	177.2/80.2	30	11/32	1.95	1
尼可刹米	nikethamide	179.3/108.1	179.3/72.1	65	26/30	2.09	1
3,4-亚甲基二氧基苯丙胺	MDA	180.1/163.1	180.1/135.1	40	15/18	6.48	1
美西律	mexiletine	180.2/58.2	180.2/163.3	50	22/20	9.07	1
乙酰甲胺磷	acephate	184/143.1	184/125.1	55	12/24	1.6	10
爱康宁	ecognine	186.2/168.3	186.2/82.2	57	25/38	1.7	10
安替比林	antipyrine	189.0/56.0	189.0/77.0	60	27/37	1.96	20
异丙威	isoprocarb	194.1/137.2	194.1/152	55	13/12	2.48	1
1-(3,4-亚甲二氧基苯)-2-丁胺	BDB	194.2/135.3	194.2/177.2	50	19/13	7.76	1
3,4-亚甲基二氧基甲基苯丙胺	MDMA	194.2/163.4	194.2/135.3	35	18/29	7.76	1
咖啡因	caffeine	195.2/138.2	195.2/110	50	29/32	1.83	1
爱康宁甲酯	ecognine ester	200.2/182.2	200.2/82.2	52	25/32	5.05	10
甲萘威	carbaryl	202.1/145.2	202.1/117.1	50	14/35	2.43	1
乙胺丁醇	ethambutol	205.2/116.1	205.2/149	60	21/12	8.68	10
异丙隆	isoproturon	207.1/72	207.1/165.1	60	36/21	2.28	10

续表

目标物名称		母离子/子离子对(*m/z*)		DP/V	CE(1/2)/eV	R_t/min	LOD/(ng/mL)
中文名	英文名	1	2				
N-甲基-1-(3,4-亚甲二氧基苯)-2-丁胺	MBDB	208.3/177	208.3/135.3	50	15/28	8.85	1
3,4-亚甲二氧基-N-乙基-苯丙胺	MDEA	208.4/163.1	208.4/133.2	71	19/23	8.5	1
氧乐果	omethoate	214/155.1	214/183.1	50	22/15	1.57	10
莠去津	atrazine	216.2/174	216.2/95.8	75	25/33	2.11	10
敌稗	propanil	218.0/162.3	218.0/127.0	60	21/37	2.84	20
眠尔通	meprobamate	219.2/158.2	219.2/97	50	12/19	1.78	1
扑米酮	primidone	219.2/162.3	219.2/119.2	55	17/24	1.76	20
3,4-亚甲基二氧基丙基苯丙胺	MDPR	222.2/163.3	222.2/135.3	50	19/29	10.54	1
克百威	carbofuran	222.2/165.2	222.2/123	50	17/34	2.26	1
敌敌畏	dichlorvos	223.1/127.1	223.1/109.1	60	23/24	2.15	1
久效磷	monocrotophos	224.1/127.1	224.1/193.1	50	20/11	1.73	1
去甲氯胺酮	norketamine	224.1/207.1	224.1/125.1	40	19/32	4	1
特布他林	terbutaline	226.1/152.1	226.1/170.2	60	23/16	3.99	20
阿米洛利	amiloride	230.1/171	230.1/212.4	60	24/20	4.12	10
乐果	dimethoate	230/199	230/171.1	45	13	1.82	1
异丁司特	ibudilast	231.1/161.5	231.1/189.3	60	25/26	3.19	20
异丙安替比林	isopropylantipyrine	231.1/189.1	231.1/201	90	28/32	2.15	1
萘普生	naproxen	231.2/185.4	231.2/170.3	60	20/35	2.56	20
可乐定	clonidine	232.1/162.3	232.1/215.2	60	48/34	3.19	20
芬氟拉明	fenflutamine	232.2/159.3	232.2/187.3	20	32/20	13.64	1
氨基比林	aminophenazone	232.3/111.2	232.3/98.1	50	21/25	2.42	10
去甲哌替啶	normeperidine	234.2/160.3	234.2/91.1	75	23/60	13.67	1
利多卡因	lidocaine	235.2/86.3	235.2/101.2	35	28/14	9.04	1
普鲁卡因	procaine	237.2/100.2	237.2/164.4	50	22/23	7.05	20
卡马西平	carbamazepine	237.3/194.3	237.3/192.3	60	26/32	1.76	1
氯胺酮	ketamine	238.1/179.1	238.1/125.1	40	25/40	7.48	1
沙丁胺醇	salbutamol	240.1/148.2	240.1/222.2	50	26/17	4.02	1
灭线磷	mocap	243.2/131	243.2/173.0	50	26/20	2.59	20
苯环利定	phencyclidine	244.2/86.0	244.2/159.3	40	17/19	5.59	20
哌替啶	meperidine	248.3/220.3	248.3/174.1	50	30/28	10.92	1
7-氨基硝西泮	7-aminonitrazepam	252.2/121.1	252.2/146.2	80	37/38	1.84	10
奥卡西平	oxcarbazepine	253.0/235.9	253.0/208.1	70	19/20	1.78	1
西咪替丁	cimetidine	253.2/159.3		70	20	3.28	10
三氨蝶啶	triamterene	254.0/237	254.0/104	60	27/37	4.03	10

续表

目标物名称		母离子/子离子对(m/z)		DP/V	CE(1/2)/eV	R_t/min	LOD/(ng/mL)
中文名	英文名	1	2				
奈福泮	nefopam	254.1/181.3	254.1/166.3	60	27/38	11.58	20
拉莫三嗪	lamotrigine	256.1/211.2	256.1/145.1	50	35/53	3.37	1
苯海拉明	diphenhydramine	256.2/167.2	256.2/165.2	30	17/54	15.5	1
敌百虫	trichlorfon	259.3/223	259.3/127.1	60	16/23	1.5	1
普萘洛尔	propranolol	260.1/116.1	260.1/183.2	60	25	11.59	10
卡立普多	carisoprodol	261.3/200.2	261.3/97.1	50	23/15	1.5	10
甲拌磷	phorate	261/75.1	261/244.3	40	17/10	4.11	10
甲基对硫磷	parathion-methyl	264.1/125	264.1/232	60	30/21	9.75	20
噻氯匹定	ticlopidine	264.1/125	264.1/239.1	60	44/24	9.73	20
去甲替林	nortriptyline	264.2/233.1	264.2/191.3	50	20/32	16	20
曲马朵	tramadol	264.2/58	264.2/246.2	50	37/16	9.74	1
丁卡因	tetracaine	265.2/176.2	265.2/220.4	50	21/25	11.99	20
米氮平	mirtazapine	266.1/195.1	266.1/208.8	80	37/35	9.2	10
阿替洛尔	atenolol	267.2/145.2	267.2/190.3	60	38/26	3.61	20
美托洛尔	metoprolo	268.3/116.1	268.3/133.2	60	26/35	7.17	20
乙草胺	acetochlor	270.1/224.1	270.1/148	60	13/30	3.16	20
甲草胺	alachlor	270.2/238.3	270.2/162.3	60	16/27	3.09	20
硫线磷	cadusafos	271.1/159.0	271.1/215.0	60	18/13	3.45	20
去甲西泮	nordiazepam	271.2/140.2	271.2/208.1	70	36/36	2.32	10
右美沙芬	dextromethorphan	272.3/147.2	272.3/213.3	60	42/37	14.67	1
布桂嗪	bucinnazine	273.2/117.1	273.2/155.2	60	25/20	5.8	10
氯苯那敏	chlorpheniramine	275.2/230.1	275.2/167.1	50	22/53	12.47	1
罗哌卡因	ropivacaine	275.3/126.2	275.3/84.2	60	31/58	11.39	10
环苯扎林	cyclobenzaprine	276.3/216.3	276.3/231	50	34/25	18.88	20
克仑特罗	clenbuterol	277.2/203.1	277.2/259.1	60	23/16	8.83	1
杀螟松	fenitrothion	278.1/124.9	278.1/246.2	76	30/25	2.16	10
马普替林	maprotiline	278.1/250.2	278.1/219.2	60	26/34	15.61	10
阿米替林	amitriptyline	278.2/191.3	278.2/233.3	60	35/30	20.28	10
2-亚乙基-1,5-二甲基-3,3-二苯基吡咯烷	EDDP	278.2/234.3	278.2/249.3	70	41/33	29	10
文拉法辛	venlafaxine	278.3/58.1	278.3/259.9	40	40/17	11.28	10
倍硫磷	fenthion	279.3/247.0	279.3/169.0	50	23/23	3.74	20
多塞平	doxepin	280.3/107.2	280.3/220.2	50	31/36	15.64	1
丙咪嗪	imipramine	281.3/86.2	281.3/208.2	50	24/35	19.07	1
硝西泮	nitrazepam	282.2/236.2	282.2/180.2	70	32/52	2.14	10
酚妥拉明	phentolamine	282/212.3	282/239.5	60	20/15	9.26	20

续表

目标物名称		母离子/子离子对(m/z)		DP/V	CE(1/2)/eV	R_t/min	LOD/(ng/mL)
中文名	英文名	1	2				
7-氨基氟硝西泮	7-aminoflunitrazepam	284.2/135.2	284.2/226.2	80	39/41	1.96	1
地西泮	diazepam	285.1/193.3	285.1/154.1	80	45/36	2.77	1
异丙嗪	promethazine	285.2/86.1	285.2/198.1	55	25/31	17.23	1
吗啡	morphine	286.1/201.2	286.1/165.3	80	36/56	3.97	1
7-氨基氯硝西泮	7-aminoclonazepam	286.1/222.2	286.1/250.1	60	34/25	1.61	1
氢吗啡酮	hydromorphone	286.2/185.3	286.2/199.1	85	40/40	4.51	10
地莫西泮	demoxepam	287.1/269.3	287.1/180.2	70	38/32	1.87	10
奥沙西泮	oxazepam	287.2/241.2	287.2/269.3	50	31/21	2.02	10
加兰他敏	galanthamine	288.1/213.2	288.1/231	60	32/24	5.06	10
特丁硫磷	terbufos	289.2/103	289.2/233	50	14/10	5.4	20
N-去烃氟西泮	desalkylflurazepam	289.2/140.2	289.2/226.1	60	37/38	2.1	20
布比卡因	bupivacaine	289.3/140.2	289.3/84.1	60	29/51	13.7	10
异稻瘟净	iprobenfos	289/91.1	289/205.1	60	66/14	3.06	1
苯甲酰爱康宁	benzoylecognine	290.2/168.3	290.2/105.2	70	26/43	2.15	10
阿托品	atropine	290.3/124.1	290.3/93.1	85	34/44	6.2	1
对硫磷	parathion	292.1/236	292.1/264	60	21/15	3.89	20
美利曲辛	melitracen	292.3/247.2	292.3/232.2	60	26/34	24.37	20
昂丹司琼	ondansetron	294.2/170.3	294.2/184.3	60	37	9.92	20
艾司唑仑	estazolam	295.2/267.3	295.2/205.2	70	34/53	2.4	10
辛可尼丁	cinchonidine	295.3/81.2	295.3/168.3	60	42/39	7.64	20
尼美西泮	nimetazepam	296.1/250.2	296.1/222.1	70	36/38	2.47	1
去甲氟西汀	norfluoxetine	296.2/134.2		60	10	3.68	20
艾司洛尔	esmolo	296.3/145.2	296.3/219.2	50	34/28	7.43	10
辛硫磷	phoxim	299.3/77	299.3/129.0	60	46/16	4.33	20
喹硫磷	quinalphos	299.1/163.2	299.1/243.2	50	29/24	3.81	10
去甲奥氮平	norolanzapine	299.2/198.1	299.2/213.1	75	50/37	13.42	10
可待因	codeine	300.2/199.2	300.2/165.3	80	40/52	5.16	1
替马西泮	temazepam	301.2/255.2	301.2/283.1	70	36/19	2.34	1
苯海索	trihexyphenidyl	302.1/97.8	302.1/284.1	60	29/24	19.49	10
双氢可待因	dihydrocodeine	302.5/199.3	302.5/201.2	60	44/42	5.4	10
杀扑磷	methidathion	303.1/145	303.1/85.1	50	15/32	2.95	1
可卡因	cocaine	304.1/182.2	304.1/150.2	60	28/35	12.93	1
东莨菪碱	scopolamine	304.3/138.3	304.3/156.3	60	31/23	5.55	20
二嗪农	diazinon	305.1/169.2	305.1/153.1	60	29/30	3.9	10
山莨菪碱	anisodamine	306.2/140.3	306.2/122	60	35/40	4.73	10
舍曲林	sertraline	306.2/275.1	306.2/159.2	80	17/34	20.41	20

续表

目标物名称		母离子/子离子对(m/z)		DP/V	CE(1/2)/eV	R_t/min	LOD/(ng/mL)
中文名	英文名	1	2				
唑吡坦	zolpidem	308.1/235.1	308.1/263.2	40	53/35	6.21	1
丁咯地尔	buflomedil	308.1/237.1	308.1/140.2	60	28/22	10.52	20
阿普唑仑	alprazolam	309.1/281.1	309.1/274.2	80	33/32	2.85	1
氟西汀	fluoxetine	310.1/43.7	310.1/148.2	60	24/16	19.2	10
美沙酮	methadone	310.2/265.2	310.2/105.1	50	22/38	25.68	1
地芬尼多	diphenidol	310.2/292	310.2/128.9	130	23/35	14.23	20
大麻酚	CBN	311.2/223.2	311.2/293.1	60	29/23	7.06	20
蒂巴因	thebaine	312.2/58.2	312.2/266.2	60	38/24	8.82	1
奥氮平	olanzapine	313.1/255.9	313.1/84.1	70	25/32	12.44	1
去甲氯氮平	norclozapine	313.4/270	313.4/192.1	70	32/55	9.24	20
氟硝西泮	flunitrazepam	314.2/268.3	314.2/239.3	85	35/45	5.81	1
乙基吗啡	ethylmorphine	314.3/229.3	314.3/165.4	80	36/53	5.79	10
四氢大麻酚	THC	315.2/193.2	315.2/259.2	60	32/28	7.03	20
大麻二酚	CBD	315.2/193.2	315.2/105.2	60	32/26	4.65	20
雷尼替丁	ranitidine	315.3/176.2	315.3/270.3	70	23/18	2.92	20
氯硝西泮	clonazepam	316.2/270.1	316.2/214.1	75	36/49	2.16	1
羟考酮	oxycodone	316.2/298.1	316.2/241.1	80	27/36	5.74	1
氯普噻吨	chlorprothixene	316.3/271.2	316.3/231.1	65	27/39	25.45	20
溴西泮	bromazepam	317.1/183.3	317.1/210.2	60	43/35	2.11	10
古柯乙烯	cocaethylene	318.2/196.2	318.2/150.2	61	26/35	15.11	20
氯丙嗪	chlorpramazine	319.3/86.2	319.3/246.2	60	30/34	24.01	10
稻丰散	phenthoate	321.1/247.2	321.1/163.1	60	15/17	4.04	10
劳拉西泮	lorazepam	321.1/275.1	321.1/303.1	60	30/21	1.99	1
甲基毒死蜱	chlorpyrifos methyl	322.1/125.0	322.1/290.0	66	28/22	4.17	
治螟磷	sulfotep	323.1/171.1	323.1/295.2	60	20/15	4.29	10
二甲弗林	dimefline	324.4/279.3	324.4/163.4	80	22/35	12.2	20
α-羟基阿普唑仑	α-hydroxyalprazolam	325.2/297.2	325.2/279.2	90	35/33	3.53	10
西酞普兰	citalopram	325.3/109.2	325.3/262.0	80	41/26	13.9	10
咪达唑仑	midazolam	326.2/291.4	326.2/244.2	65	37/35	4.74	1
比索洛尔	bisoprolol	326.3/116.2	326.3/74.1	80	25/40	7.94	20
氯氮平	clozapine	327.3/270.1	327.3/296.3	75	32/33	11.35	1
单乙酰吗啡	6-acetylmorphine	328.1/211.3	328.1/165.3	90	36/54	5.35	1
洛沙平	loxapine	328.2/271.2	328.2/297.3	80	30/36	14.46	20
纳洛酮	naloxone	328.3/310.1	328.3/253.2	60	27/37	4.84	1
拉贝洛尔	labetalol	329.2/311.1	329.2/294.3	80	18/27	7.3	20
帕罗西汀	paroxetine	330.3/192.3	330.3/70.1	60	28/51	13.42	10

目标物名称		母离子/子离子对(m/z)		DP/V	CE(1/2)/eV	R_t/min	LOD/(ng/mL)
中文名	英文名	1	2				
马拉硫磷	malathion	331.1/127.1	331.1/99.1	60	18/19	3.32	1
胺菊酯	tetramethrin	332.4/164.4	332.4/135.3	60	34/25	4.62	1
咳必清	carbetapentane	334.4/100.1	334.4/145.3	60	33/30	21.48	10
芬太尼	fentanyl	337.2/188.3	337.2/105.2	70	31/55	13.86	1
法莫替丁	famotidine	338.2/189.3	338.2/259	60	27/17	2.8	20
洛贝林	lobeline	338.2/96	338.2/216.3	60	30/40	18.8	20
罂粟碱	papaverine	340.1/202.2	340.1/202.2	60	37/41	5.86	1
右丙氧芬	dextropropoxyphene	340.2/266.2	340.2/324.3	60	12/35	20.18	10
去氯羟嗪	decloxizine	341.2/167.3		60	24	10.36	20
α-羟基咪达唑仑	α-hydroxymidazolam	342.0/324.2	342.0/203	70	29/30	2.43	10
舒必利	sulpiride	342.1/112.2	342.1/214.2	60	35/46	5.3	20
乙酰可待因	acetylcodeine	342.2/225.2	342.2/165.3	85	35/61	8.04	1
三唑仑	triazolam	343.2/308.2	343.2/315.2	80	36/35	2.71	1
贝凡洛尔	bevantolol	346.3/165.3	346.3/150.1	80	29/45	11.35	20
硝苯地平	nifedipine	347.3/315.2	347.3/271.4	60	12/16	2.34	20
毒死蜱	chlorpyrifos	350.0/198.0	350.0/322.0	70	26/17	5.6	20
美洛昔康	meloxicam	352.1/115.1	352.1/141.2	80	25/29	1.38	20
他扎罗汀	tazarotene	352.2/324.2	352.2/294.3	80	35/54	6.34	20
萝巴新	raubasine	353.2/144.1	353.2/210.2	70	37/29	11.4	10
罗通定	rotundine	356.2/192.3	356.2/165.3	60	36/34	10.74	20
吲哚美辛	indomethacin	358.2/139.3	358.2/174.2	70	26/18	3.25	20
阿曲库铵	atracurium	358.4/206	358.4/151.2	85	27/41	9.65	20
α-羟基三唑仑	α-hydroxytriazolam	359.2/331.2	359.2/176.1	80	38/37	2.01	1
尼群地平	nitrendipine	361.3/315.1	361.3/329.2	80	13/20	2.9	20
伏杀磷	phosaline	370.1/184.1	370.1/324.1	70	20/18	4.49	1
海洛因	heroin	370.2/268.2	370.2/165	90	38/60	7.62	1
曲唑酮	trazodone	372.2/176.2	372.2/148.3	60	34/50	8.25	1
羟嗪	hydroxyzine	375.2/201.1		60	26	13.48	20
氟哌啶醇	haloperidol	376.2/165.4	376.2/358.2	60	33/28	15.24	1
氨溴索	ambroxol	379.1/264.1	379.1/116.2	80	22/24	6.36	20
赛利洛尔	celiprolol	380.3/251.2	380.3/307.2	80	31/25	6.33	20
甲磺隆	metsulfuron-methyl	382.1/167.6	382.1/350.1	80	19/16	1.66	20
哌唑嗪	prazosin	384.2/247.2	384.2/138.2	60	39/43	9.18	20
喹硫平	quetiapine	384.4/253.1	384.4/221	54	35/53	9.22	20
乙硫磷	ethion	385.1/199.0	385.1/143.0	60	13/33	5.81	20
丁螺环酮	buspirone	386.5/121.9	386.5/222.2	100	42/39	9.55	20

续表

目标物名称		母离子/子离子对(m/z)		DP/V	CE(1/2)/eV	R_t/min	LOD/(ng/mL)
中文名	英文名	1	2				
舒芬太尼	sufentanil	387.1/238.1	387.1/355.3	50	27/26	18.22	20
氟西泮	flurazepam	388.2/315.2	388.2/288.1	65	32/33	10.13	10
尼索地平	nisoldipine	389.1/344.2	389.1/357.1	60	16/14	14.38	20
佐匹克隆	zopiclone	389/245.1	389/345.1	80	30/25	4.3	20
地塞米松	dexamethasone	393.3/355.2	393.3/237.1	51	17/25	18.1	20
苯磺隆	tribenuron-methyl	396/155.1	396/181.0	70	24/33	2.82	20
福尔可定	pholcodine	399.1/114.2	399.1/381.1	80	47/33	17.94	20
羟基喹硫平	hydroxyquetiapine	400.2/269.1	400.2/295.2	80	34/36	5.11	10
奋乃静	perphenazine	404.2/171.3	404.2/143.2	60	33/39	16.15	20
洛伐他汀	lovastatin	405.4/285.1	405.4/43.2	70	15/21	3.32	20
三氟拉嗪	trifluoperazine	408.4/195.3	408.4/133.3	40	19/29	6.61	1
氨氯地平	amlodipine	409.2/238.2	409.2/294.2	60	26/32	7.67	20
苄嘧磺隆	bensulfuron methyl	411.1/149.1	411.1/182.2	80	27/23	2.29	20
利培酮	risperidone	411.2/191.4		80	43	10.11	10
齐拉西酮	ziprasidone	413.1/194.2	413.1/177.2	80	39/39	8.06	20
那可丁	norcotine	414.2/220.3	414.2/353.2	60	32/33	6.04	1
去甲丁丙诺啡	norbuprenorphine	414.2/83.1	414.2/101.1	80	64/52	7.72	20
哌氟酰胺	flecanide	415.1/398.1	415.1/301.2	70	25/33	3.96	10
尼莫地平	nimodipine	419/343.1	419/359.1	60	13/22	3.06	20
多潘立酮	domperidone	426.4/175.1	426.4/147.2	100	39/58	6.08	20
羟基利培酮	hydroxyrisperidone	427.2/207.2	427.2/110.2	70	40/58	7.65	20
去氢阿立哌唑	dehydroaripiprazole	446.1/285.2	446.1/98.1	80	33/58	10	20
阿立哌唑	aripiprazole	448.0/285.2	448.0/98.1	80	38/54	13.01	20
地芬诺酯	diphenoxylate	453.3/425.1	453.3/187.4	80	20/30	31.85	20
西沙比利	cisapride	466.2/184.2	466.2/234.1	75	38/30	10.54	10
丁丙诺啡	buprenorphine	468.1/396	468.1/187.2	110	52/57	13.49	20
西地那非	sildenafil	475.0/58.1	475.0/100.1	80	50/60	5.43	10
尼卡地平	nicardipine	480.1/315	480.1/166.3	60	31/30	13.8	20
格列本脲	glibenclamide	496.3/371	496.3/451.3	70	19/23	2.62	20
乌头碱	aconitine	646.4/586.1	646.4/526.2	80	46/51	15.9	20
甲氨基阿维菌素	emamectin	886.6/158.2	886.6/302.2	80	51/42	20.69	20
阿维菌素	avermectin	890.7/305.3	890.7/567.5	80	38/20	3.9	20
双苯戊二氨酯 SKF$_{525A}$(内标)	α-phenyl-α-propyl-2-(diethylamino) ethyl ester-benzeneacetic acid	354.3/209.3	354.3/167.3	80	25/37	28.24	
地西泮-d$_5$(内标)	Diazepam-d$_5$	290.2/198.2	290.2/159.2	60	45/36	2.77	

6. 定量结果计算

（1）工作曲线法　内标法通过在系列浓度的毒（药）物血液或尿液质控样品中，以毒（药）物与内标定量离子对的峰面积比（Y）为纵坐标、毒（药）物质量浓度（C）为横坐标进行线性回归，得到线性方程；外标法通过在系列浓度的毒（药）物血液或尿液质控样品中，以毒（药）物定量离子对的峰面积（Y）为纵坐标、毒（药）物质量浓度（C）为横坐标进行线性回归，得到线性方程。

根据待测样品中毒（药）物与内标定量离子对峰面积比（内标法）或毒（药）物定量离子对的峰面积（外标法），按下式计算出待测样品中毒（药）物的质量浓度：

$$c = \frac{Y - a}{b}$$

式中　c——待测样品中毒（药）物质量浓度，ng/mL；

　　　Y——待测样品中毒（药）物与内标峰面积比或待测样品中毒（药）物定量离子对的峰面积；

　　　a——线性方程的截距；

　　　b——线性方程的斜率。

（2）单点校正法　根据待测样品中毒（药）物与内标定量离子对峰面积比（内标法）或毒（药）物定量离子对的峰面积（外标法），按下式计算出待测样品中毒（药）物的质量浓度：

$$c = \frac{A \times c'}{A'}$$

式中　c——待测样品中毒（药）物质量浓度，ng/mL；

　　　A——待测样品中毒（药）物的峰面积或待测样品中毒（药）物与内标峰面积比；

　　　A'——添加样品中毒（药）物的峰面积或待测样品中毒（药）物与内标峰面积比；

　　　c'——添加样品中毒（药）物的质量浓度，ng/mL。

7. 应用特点

在临床和司法鉴定中，血液和尿液是比较常见的检材，并且获取便利，因此所要面对的样品种类较为单一。本方法利用所研究目标物在碱性条件下易被有机溶剂提取的特征，采用碱化、液液萃取的前处理过程，整体操作较为简洁，实现了238种毒（药）物的液相色谱串联质谱法的检测，为临床检验和司法鉴定提供了方法依据。本方法引入筛选确证的概念，可以一次性对238种十几大类的药物进行初筛，具有十分重要的现实意义。

（二）生物检材中河豚毒素的测定（参考 SF/Z JD0107011—2011）

1. 背景介绍

河豚毒素（tetrodotoxin，TTX）为1909年首先从河豚中发现，目前已分离出十多种类似物，其中河豚毒素为河豚的主要毒性成分。我国每年都有误食河豚而导致中毒的情况发生。河豚毒素是一种毒性很强的非蛋白类神经毒素，除存在于河豚体内，还广泛分布于多种脊椎动物和无脊椎动物体内。河豚毒素进入人体后可抑制神经细胞膜对 Na 的通透性，从而阻断神经冲动的传导，使神经麻痹，严重者抑制呼吸从而导致死亡。因此，建立快速、准确检测尿液和血浆中 TTX 的方法具有重要的现实意义。

2. 方法的选择

目前，TTX 的检测方法主要有小鼠活体生物法、免疫学方法、液相色谱法、气相色谱质谱法、液相色谱串联质谱法等。但由于 TTX 的毒性极大，对于体重 50kg 的人，0.2mg 就会引起中毒，2mg 即可导致死亡，所以发生中毒时尿液和血浆中 TTX 的浓度很低，在 $\mu g/L$ 数量级上，常规方法（如液相色谱法等）无法检出。而液相色谱串联质谱法借助高选择性和高灵敏度的特点可以实现 $\mu g/L$ 数量级的检测，因此在血液、尿液等生物检材的河豚毒素检测中采用液相色谱串联质谱法较为合适。

SF/Z JD0107011—2011 采用液相色谱串联质谱法对血液、尿液和肝中河豚毒素的含量进行检测，方法的定量下限为 5ng/mL 或 5ng/g。本方法利用乙酸甲醇提取、阳离子交换固相萃取柱净化，用 LC-MS/MS 进行检测，经与平行操作的河豚毒素对照品比较，以保留时间和两对母离子/子离子对进行定性分析，以第一对离子对进行定量分析。

3. 提取方法

对于血液和尿液试样，取 0.5mL 血液或尿液，加入 1.5mL1％乙酸甲醇溶液，涡旋混合，离心取上清液。用混合阳离子交换固相萃取小柱净化，依次用 1mL 乙腈、1mL 甲醇、1mL 水淋洗，最终用混合溶液（0.2mol/L HCl 溶液-20％甲醇）1mL 洗脱，洗脱液于 60℃氮吹至干，用 200μL 流动相溶解，待测。

对于肝组织样品，取 0.5g 研碎的组织，用 1.5mL 1％乙酸甲醇溶液浸泡 2h 后，涡旋混合，离心取上清，净化过程同上文所述。

对于鱼干样品，取 5g 研碎鱼干，用 20mL 1％乙酸甲醇溶液超声 30min 后，离心取上清液 1mL 用于进一步净化，步骤同上文所述。

4. 仪器检测方法

液相色谱条件如下：PC HILIC 柱（100mm×2.0mm，5μm），前接保护柱，流动相 A 为乙腈，流动相 B 为 0.1％甲酸水溶液。梯度洗脱程序为：0～0.8min，A 相保持 90％；0.8～1.2min，A 相由 90％变为 20％；1.2～2.5min，A 相保持 20％；2.5～4min，A 相由 20％变为 90％；4.0～10min，A 相保持 90％。流速为 0.2mL/min，进样量为 5μL。

质谱条件如下：采用多离子反应监测模式，ESI$^+$，去簇电压和碰撞能量依据目标物母离子和子离子优化至最佳，离子喷雾电压 5500V，离子源温度 500℃。定性离子对为 m/z 320/162，定量离子对为 m/z 320/302。

采用上述色谱和质谱条件分别对标准系列溶液、试样溶液和空白试验溶液进样检测（图 2-17）。

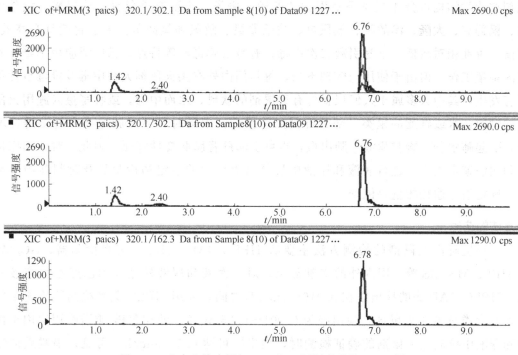

图 2-17　空白血液中添加 10ng/mL 河豚毒素的 MRM 图

5. 定量结果计算

依据外标法，检材中河豚毒素的含量按下式计算：

$$c = \frac{A \times c'}{A'}$$

式中　c——检材中河豚毒素的含量，ng/mL 或 ng/g；

A——检材中河豚毒素的峰面积；

A'——空白检材中添加河豚毒素的峰面积；

c'——空白检材中添加河豚毒素的含量，ng/mL 或 ng/g。

6. 应用特点

由于 TTX 的极性很大，不能保留在 C_{18} 色谱柱上，目前基于反相液相色谱的分析方法大都需要在流动相中加入七氟丁酸、庚烷磺酸、三甲胺等离子对试剂，而这些离子对试剂不利于质谱分析，会抑制质谱信号，甚至污染质谱系统。而本方法采用的亲水色谱柱（HILIC）属含水的正相色谱法，主要采用硅胶、氰基、氨基、酰胺和二醇等色谱填料，以高比例的乙腈-水体系作为流动相，化合物按极性从小到大次序出峰，特别适合于河豚毒素等在反相色谱柱不保留的强极性化合物。

（三）血液和尿液中抗凝血灭鼠剂的检测方法

1. 背景简介

就灭鼠剂的使用而言，目前应用最广泛的主要是抗凝血灭鼠剂类产品。抗凝血类灭鼠剂按化学结构可分 4-羟基香豆素类和茚满二酮类，主要有杀鼠灵、杀鼠醚、氯杀鼠灵、鼠得克、大隆、溴敌隆、氟鼠灵、呋杀鼠灵、敌鼠和氯敌鼠。由于它们具有高效、广谱、毒性相对较低、不易引起二次中毒、有特效解毒药等特点，已广泛应用于野外和室内杀鼠工作。但由于使用与管理不当，每年国内外有关灭鼠剂人畜中毒及投毒事件仍常有发生，其中大多属于人们误食含有灭鼠剂的饮料、水而中毒，或牲畜摄入施用灭鼠剂的饲料、水或毒死的鼠类。部分抗凝血杀鼠剂，中毒时可造成肺毛细血管渗透性增加，引起肺水肿、胸腔积液、肺出血，也可引起肝肾脂肪变性坏死。因此，对于临床检验和司法鉴定而言，进行血液和尿液中抗凝血灭鼠剂的鉴定和检验是及时判断中毒类型、确定治疗途径的重要依据。

2. 方法的选择

针对抗凝血灭鼠剂的检测方法主要有 HPLC-DAD、HPLC-荧光检测器、GC/MS 和 HPLC-MS/MS 等。国内外的文献显示，对于血液和尿液样品采用乙酸乙酯液液萃取，HPLC-DAD 法的检出限在 0.016～1mg/L 之间。采用 HPLC-荧光检测法检测 4-羟基香豆素类抗凝血灭鼠剂，检出限为 0.001～0.05mg/L。液相色谱-质谱联用法用于血液和尿液中抗凝血灭鼠剂的确证检测时，检出限可达 0.5～5μg/L，可见，串联质谱法的灵敏度更高。同时，由于香豆素类物质本身具有荧光特性，可以用荧光检测器实现高灵敏度的检测，而茚满二酮类化合物无荧光，只能用一般的通用检测器检测，因此采用 HPLC 法进行两类抗凝血灭鼠剂检测时，无法同时兼顾灵敏度和多残留的要求。若采用液相色谱串联质谱法进行检测，则既可以实现两种类别抗凝血灭鼠剂的同时检测，又可以确保检测的高灵敏度，所以，目前液相色谱串联质谱法是检测血液或尿液中抗凝血灭鼠剂的主流方法。

本方法采用血浆样品经乙腈沉淀、尿液样品经乙酸乙酯萃取的提取方式，氮吹浓缩后用初始流动相复溶，以甲醇-4mmol/L 乙酸铵为流动相进行梯度洗脱分离，负离子电喷雾多反应监测模式检测，基质标准外标法定量分析，定量限可达 1μg/L。

3. 提取方法

对于血液样品，取 200μL 血浆于 5mL 具塞离心管中，加入 1.0mL 乙腈，用手持式超声波细胞破碎仪均质 1min，3000r/min 离心 5min；吸取 600μL 上清液，于 50℃水浴中用氮气吹干，加入 200μL 初始流动相，超声 1min，涡旋 30s，14000r/min 离心 5min，上清液直接进样 10μL。在 6 支试管中分别按标准曲线的浓度加入适量标准溶液，氮气吹干后加入空白血浆 200μL，混匀，与样品一起处理，制作基质工作曲线系列。

对于尿液样品，取 1.0mL 尿液于 10mL 具塞离心管中，加入 0.2mL2mol/L 乙酸铵溶液，混匀，用 3.0mL 乙酸乙酯涡旋提取 2min，3000r/min 离心 3min；吸取乙酸乙酯液于另一个 10mL 具塞离心管中，重复提取一次，合并乙酸乙酯提取液，于 50℃水浴中用氮气吹干，加入 1.0mL 梯度初始流动相，超声 1min，涡旋 30s，14000r/min 离心 5min，上清液直接进样 10μL。

注意事项：血液提取时，以超声方式避免蛋白沉淀物包裹待测物。部分滤膜会使极性较小的灭鼠剂如大隆、溴敌隆等因吸附出现损失，故本方法不用滤膜过滤，采用高速离心方式去杂质。

4. 仪器检测方法

液相色谱分离条件：ACQUITY UPLC BEH C_{18} 色谱柱（100mm×2.1mm，1.7μm），配在线过滤器；流动相 A 为 4mmol/L 乙酸铵，流动相 B 为甲醇。梯度洗脱程序：0～3min，流动相由 40%B 线性梯度至 90%B，保持 2min 后，流动相又回到 40%B，并平衡 2min。流速 0.25mL/min；柱温 45℃；进样体积 10μL。

质谱条件：ESI⁻，多反应监测模式；毛细管电压 3000V；离子源温度 120℃；锥孔反吹气流量 50L/h，脱溶剂温度 350℃，脱溶剂气流量 500L/h，碰撞室氩气压力 0.346Pa。

监测离子对信息如表 2-6。

表 2-6　10 种抗凝血剂的监测离子对信息

化合物	母离子(m/z)	定量子离子	碰撞能量/eV	定性子离子	碰撞能量/eV
呋杀鼠灵	297	161	18	240	21
杀鼠灵	307	161	19	250	25
杀鼠醚	291	141	28	93	45
氯杀鼠醚	341	161	23	284	20
敌鼠	339	167	20	172	27
氯敌鼠	373	201	20	145	24
溴敌隆	525	250	38	137	25
鼠得克	443	135	35	293	35
氟鼠灵	541	161	35	289	38
大隆	523	135	40	81	35

采用上述色谱和质谱条件分别对标准系列溶液、试样溶液和空白试验溶液进样检测（图 2-18）。

5. 应用特点

本方法涉及的目标物大多为含羟基和卤素，尽管正负离子模式下均可产生质谱信号，但负离子模式下信号更强，这与化合物的分子结构有关。而且本方法利用质谱的多反应监测模式实现了香豆素类和茚满二酮类抗凝血灭鼠剂的同时检测，具有简便、灵敏、选择性好的特点。

（四）中药及复方中不同类别成分的筛查和鉴别

1. 背景介绍

中药及其制品在我国有着悠久的应用历史，但是，与西药相比，其复杂又无法明确

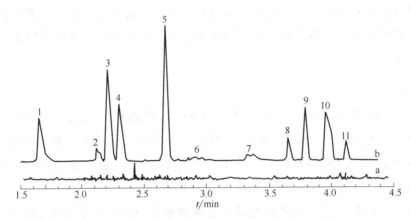

图 2-18 血浆空白（a）和基质标准（b）总离子流色谱图

的多类别成分却成为中药现代化研究的难点，因此，如何从中药或复方中筛查并鉴别出不同药理类别的化合物成分对于中药研究的进一步发展具有重要的意义。中药药方常常以复方形式出现，由两味或两味以上药材组成，具有相对固定的加工方法和使用方法，针对相对确定的病症。复方中药的特点为多组分、多靶点同时作用，最终达到整体协同作用的结果。所以，阐明中药复方的药效物质基础和作用机制，中药复方复杂体系的成分分析对于促进现代化中药药理研究和中药复方的质量控制都具有不可或缺的重要意义。

2. 方法的选择

以往的中药复方成分鉴定主要采用色谱分离方法，从复杂体系中分离提取出单一化学成分，再通过核磁共振、质谱等分析技术进行鉴定。这种方法一般需要经过复杂的分离、提取过程，十分费时，而且由于只针对某一类化合物，难以完整、系统地体现中药复方中多类别成分协同作用的复杂性。同时，中药复方缺乏标准品的现实困难也使有效成分的筛选、鉴别研究步履维艰。但近年来，具有结构鉴别能力的质谱技术不断发展，数据库分析模式不断完善，使快速中药成分的分析鉴别成为可能。其中高分辨飞行时间质谱（TOF-MS）、轨道离子阱质谱（orbitrap-MS）和液相色谱串联使用是中药复方成分鉴别的主要技术，而液相色谱-UV 检测或普通的三重四级杆质谱检测则以辅助判别为主。目前较为主流的分析过程为借助 TOF-MS 和 orbitrap 卓越的高分辨性能获得不同类别化合物的精确分子量，通过精确分子量匹配若干可能的化合物；再利用质谱多种扫描和碎裂方式的组合，实现前体离子和产物离子的高分辨采集及多级碎裂，通过不同结构的裂解规律和特征碎片离子推断未知化合物。如李玲、曹阳等分别采用液相色谱-高分辨飞行时间质谱技术对中药艾叶中 31 种化学成分和中药复方六神丸中 25 种化合物进行鉴别；潘智然等利用液相色谱-LTQ-Orbitrap 质谱对中药淡竹叶 21 种成分和中药虎杖中 37 种药物成分实现结构鉴定和解析。

3. 提取方法

称取中药材或复方 0.1～0.5g，粉末可过 60 目筛再进行称量，用 70% 甲醇、70%

乙醇或纯甲醇、纯乙醇作超声提取或回流提取 30~60min，然后将提取液浓缩后定容或直接过 0.22μm 滤膜进行检测。

4. 仪器测定方法

（1）以复方六神丸的 HPLC-TOF 检测为例。

液相检测条件为：Alltima C_{18} 色谱柱（250mm×4.6mm，5μm），预柱 Alltech R PC$_{18}$ 柱（20mm×3.9mm），柱温 30℃，流动相 A 为 0.2％甲酸水溶液，流动相 B 为乙腈。梯度洗脱程序为：0~8min，流动相 A 保持 70％；8min 时，流动相 A 变为 56％；8~25min，流动相 A 由 56％变为 30％。梯度结束后用 5％流动相 A 和 95％流动相 B 冲洗柱子，然后再回到初始的梯度，保持 10min。进样量为 20μL。

飞行时间质谱条件：分流比设为 3:1。采用双喷雾（dual-spray）电离方式，内标液能随被分析物进入质谱中，提供实时质量数校准。优化实验条件为：电喷雾离子方式为正离子全扫描（ESI），扫描质量范围 50~1000Da，干燥气流速 9L/min，干燥气温度 350℃，雾化气压 0.276MPa，毛细管电压 4.0kV，碎裂电压 215V，锥孔电压 60V，八级杆 DC1 电压 30V，八级杆射频电压 250V。选择内标校准液中 m/z 149.0233 和 922.0098 离子做实时质量数校正实验，数据采用 Analyst QS 软件处理。每次测定样品之前，使用 TOF-MS 校正液校准质量轴，以保证质量精度误差小于 $2×10^{-6}$。

元素组成计算参数设定为：C≤50，H≤100，O≤10，N≤5；双键数 0~50。电子状态：偶数。带电个数：+1。容许范围：$5×10^{-6}$。TOF-MS 定性测定步骤：首先从总离子流中得到提取离子流图（XIC±0.25Da）。通过扫描 XIC 峰的顶端得到精确离子流图（AMC），然后计算该 AMC 峰的元素组成。

（2）以中药虎杖的 HPLC-LTQ-Orbitrap MS 测定为例

液相检测条件：色谱柱为 Waters UPLC Acquity BEH，C_{18}（50mm×2.1mm，1.7μm）；流动相为乙腈（A）-0.1％甲酸水（B）。梯度洗脱程序为：0~3.5min，流动相 A 由 7％变为 12％；3.5~6min，流动相 A 由 12％变为 30％；6~8.5min，流动相 A 由 30％变为 85％；8.5~9min，流动相 A 由 85％变为 90％。流速为 0.5mL/min；进样量为 2μL；柱温箱设为室温。

LTQ-Orbitrap-MS 检测条件：鞘气（去溶剂气）为 35.5 单位；辅助气（auxiliary gas）2 单位；喷雾电压 3.8kV；毛细管温度（capillarytemp）320℃；管透镜电压（tube lens）130V；毛细管电压（cap illary voltage）42V。在负离子模式 m/z 150~1000 范围内采集。一级质谱采用 Orbitrap 进行高分辨扫描检测，分辨率设为 30000。多级质谱采用动态数据依赖性扫描（datadependent scan），选取上一级最高峰离子进行下级碎裂并进行动态排除，以减少重复扫描。二级质谱采用 Orbitrap 高分辨检测，分辨率为 15000，三级质谱采用离子阱打拿极（dynode）检测。诱导碰撞解离（CID）碰撞能量设为 45％，其他碰撞参数为默认值。

5. 相应化学成分的鉴定

（1）以复方六神丸的 HPLC-TOF 检测为例 依据 TOF 的元素组成计算、母离子筛查匹配结果以及相应文献的研究结果，将 25 种筛查所得的化合物分成 3 组：①来源于蟾酥的蟾酥二烯内酯类化合物和生物碱类化合物；②来源于麝香的雄激素类化合物；③来源于牛黄的胆酸类化合物。然后依据筛选匹配的分类结果和能获得的有限的标准品对 Ion Trap MS^n 获得的结构碎片进行分析，部分结果如表 2-7 所示。

表 2-7　六神丸中多类别成分 HPLC-TOF-MS 的部分鉴定结果

峰号	分子离子	分子式	分子量		误差		化合物
			实测	理论	mDa	$\times 10^{-6}$	
1	$[M+H]^+$	$C_{13}H_{18}N_2O$	219.1498	219.1502	−0.4738	−2.1621	5－HTQ
2	$[M+H]^+$	$C_{10}H_{12}N_2O$	177.1038	177.1033	0.5025	2.8375	5－羟色胺
5	$[M+H]^+$	$C_{24}H_{33}O_6$	417.2275	417.2282	−0.7893	−1.8918	异沙蟾蜍精
6	$[M+H]^+$	$C_{24}H_{33}O_6$	417.2273	417.2282	−0.9645	−2.3117	沙蟾蜍精

从表 2-6 中可知，峰 1 和峰 2 的 m/z 值分别为 219 和 177，经元素组成计算得到最匹配的化学式分别为 $C_{13}H_{18}N_2O$ 和 $C_{10}H_{12}N_2O$。依据它们在反相色谱系统中洗脱快的特点，推测是极性较大的生物碱类化合物。而 HPLC/Ion Trap MS^n 分析结果表明，它们丢失分子量为 59 和 17 的中性碎片后，都得到 m/z 160 的碎片，由此推测峰 1 和峰 2 可能为同系物。结合文献比对元素组成和结构片段推测它们分别为 N', N', N'-trimethyl-5-hydroxytryptamine（5-HTQ）和五羟色胺（5-hydroxytryptamine）。

6 号峰经标准品对照分别为沙蟾蜍精。5 号峰碎片与 6 号峰完全一致，但又与标准品 Ψ-异沙蟾蜍精的保留时间不一致，故 5 号峰所代表的未知化合物应该是异沙蟾蜍精的构象异构体 Bufarenogin（表 2-8）。

表 2-8　六神丸的 HPLC/Ion Trap MS^n 部分鉴定结果

峰号	保留时间/min	化合物	分子量	准分子离子形式	多级质谱碎片 MS^2-MS^3 （m/z）
1	4.01	5HTQ	218	$[M+H]^+$	MS^2:160$[M-N(CH_3)_3+H]^+$；MS^3:132 $[M-CO+H]^+$
2	4.35	5-羟色胺	176	$[M+H]^+$	MS^2:160$[M-NH_3+H]^+$；MS^3:132$[M-CO+H]^+$
5	7.57	异沙蟾蜍精	416	$[M+H]^+$	399$[M-H_2O+H]^+$；381$[M-2H_2O+H]^+$；353$[M-2H_2O-CO+H]^+$；335$[M-3H_2O-CO+H]^+$；317$[M-4H_2O-CO+H]^+$；275$[M-H_2O-CO-96+H]^+$；
6	8.90	沙蟾蜍精	416	$[M+H]^+$	399$[M-H_2O+H]^+$；381$[M-2H_2O+H]^+$；353$[M-2H_2O-CO+H]^+$；335$[M-3H_2O-CO+H]^+$；317$[M-4H_2O-CO+H]^+$；275$[M-H_2O-CO-96+H]^+$；

（2）以中药虎杖的 HPLC-LTQ-Orbitrap MS 测定为例　通过对虎杖药材中代表性

对照成分的质谱裂解规律进行分析和总结,获取同类型成分共有的子离子信息(作为诊断离子),对虎杖样品进行初步搜索与归类。选取虎杖药材中的代表性二苯乙烯类成分虎杖苷对照品进行裂解规律研究。虎杖苷容易形成[M-H]⁻准分子离子峰,离子阱 CID 碎裂后表明其裂解途径主要通过糖苷键位置的碎裂重排形成苷元碎片离子$m/z227$,苷元进一步裂解通过两个苯环内部发生类似 RDA(反 DielsAlder)重排而形成特征性的 $m/z185$($^{3,5}A^-$离子)、143($^{2,6}A^-$离子)和 159($^{1,3}B^-$离子)。同时 $m/z183$ 和 157 离子可认为是苯环的羟基通过重排形成羰基后失去 CO 中性分子后形成的碎片(表 2-9)。

表 2-9 虎杖提取物中主要成分的鉴定结果(部分)

成分编号	保留时间 /min	准分子离子		质量偏差 1×10^{-6}	多级碎片	鉴别结果
		分子量	形式			
2	0.6	389.1242	[M-H]⁻	2.94	MS²:227	白藜芦醇-O-葡萄糖苷
		435.1297	[M+HCOO]⁻		MS³:185,159,183,157,143	
3	0.91	389.1241	[M-H]⁻	2.58	MS²:227	虎杖苷
		435.1298	[M+HCOO]⁻		MS³:185,159,183,157,143,141	

本研究首先以 $m/z227.0713$($C_{14}H_{11}O_3$)为诊断离子寻找具有相似裂解途径的二苯乙烯成分。其中成分 2 和成分 3 均显示相同的准分子离子峰 $m/z389.1242$([M-H]⁻,$C_{20}H_{21}O_8$)和 $m/z435.1298$([M+COO]⁻,$C_{21}H_{23}O_{10}$)。其多级质谱碎片也与虎杖苷一致,表明均为三羟基取代二苯乙烯苷成分。其中成分 3 与虎杖苷对照品保留时间一致,确定为虎杖苷成分。成分 2 与虎杖苷有相同的质谱裂解行为,根据已有的文献初步推断成分 2 为白藜芦醇-O-葡萄糖苷。

6. 应用特点

该应用利用 TOF MS 和 Orbitrap MS 分别对中药复方六神丸和虎杖中不同类别成分进行了筛查和鉴定,尽管两者的质谱原理不同,但其用于成分筛查鉴别的原则是一致的。通过以上分析,高分辨质谱用于未知物筛查的步骤可归纳如下:①通过液相色谱串联高分辨质谱的全扫描模式得到试样主要色谱峰的精确分子量,并借助元素计算或数据库匹配出可能的化学组成;②结合文献报道推断各成分的类别,进行初步指认;③借助多级质谱分析得到化合物的多极碎片信息,进一步推断化合物的结构;④通过有限的标准品确证鉴定结果。

(五)止咳平喘类中成药中非法添加化学药品的检测——LC-Q-TOF 法

1. 背景简介

中药作为中华文明的医药成果早已享誉世界,但由于中药的配伍、煎制常常根据疾病的类别和病情轻重各有不同,在一定程度上影响了中药的应用。而中成药的出现恰恰弥补了中药的这一缺陷。中成药通常是以中草药为原料,经制剂加工制成各种不同剂型的中药制品，包括丸、散、膏、丹等各种剂型。可以说中成药是我国历代医药学家经过千百年医疗实践创造、总结的有效方剂的精华。与西药相比，中成药具有毒副作用小、可以长期服用的特点，尤其适用于咳嗽、哮喘等慢性疾病的治疗。

但是，近年来不少不法分子利用患者信任中药又急于治疗的心理，将一些诸如茶碱、醋酸泼尼松等消炎、抗过敏的化学药物加入到止咳平喘的中成药中，谋取暴利。长期服用或超剂量服用含有这些化学药物的中成药会对身体造成严重损伤，因此，对中成药中的非法添加物进行检测是中药现代化过程中必须克服的一个障碍，也是保障人们的健康、提升中药地位的重要措施。

2. 方法的选择

在止咳平喘类中成药中，茶碱、磺胺甲噁唑、氯苯那敏、苯海拉明、喷托维林、苯丙哌林、醋酸泼尼松、地西泮等 8 种化学药物价廉易得，对于气管炎、支气管炎等疾病有明显疗效，是常见的非法添加化学药物。这些药物通常可以采用 TLC、HPLC、HPLC-MS/MS 等方法进行检测。其中 TLC 和 HPLC 法定性能力较差，灵敏度差，检测周期长；而 LC-MS/MS 的定性、定量能力卓越，可以实现上述物质的检测，但近年来，随着高分辨质谱的推广应用，人们也开始尝试以高分辨质谱进行中成药中非法添加物质的检测。LC-MS/MS 容易受到一些质荷比相同物质的干扰，与之相比，高分辨质谱的定性手段更加丰富，定性定量更加准确。采用超高效液相色谱-四级杆-飞行时间质谱（UPLC-Q-TOF），可进行止咳平喘类中成药中非法添加的 8 种化学药品的检测。

3. 提取方法

取一次口服剂量的样品（胶囊剂取 1 粒内容物研细，片剂取 1 片、颗粒剂取 1 袋直接研细，口服液取 10mL），加甲醇 25mL，超声处理 10min，用微孔滤膜（0.22μm）滤过，滤液作为供试品溶液。

精密称取 8 种化学对照品各 10mg，分别置 10mL 棕色量瓶中，用甲醇溶解并稀释至刻度，摇匀，作为对照品储备液。然后分别精密吸取各对照品储备液 0.5mL，置于同一 10mL 棕色量瓶中，用初始流动相稀释至刻度，摇匀，作为混合对照品溶液。

4. 仪器检测方法

（1）液相色谱条件　采用 Waters Acquity BEH C$_{18}$ 色谱柱（2.1mm×100mm，1.7μm）；以甲醇（流动相 A）和含 0.1% 甲酸的 10mmol/L 的甲酸铵溶液（流动相 B）进行梯度洗脱。梯度洗脱程序为：0~6min，流动相 A 由 30% 变为 80%；6~7min，流动相 A 保持 80%；7~8min，流动相 A 由 80% 变为 30%；8~10min，流动相 A 保持 30%。流速为 0.4mL/min。

（2）质谱条件　Waters Q-TOF 质谱，离子化模式为 ESI 正离子模式，MS 采集模式，扫描的质量范围为 m/z 100~600，毛细管电压为 3kV，锥孔电压为 35V，离子源温度为 120℃，脱溶剂气温度为 350℃，脱溶剂气流速为 500L/h。

采用上述色谱和质谱条件分别对标准系列溶液、试样溶液和空白试验溶液进样检测。

注意事项：流动相采用含 0.1% 甲酸的 10mmol/L 甲酸铵溶液主要是为了增加目标物的离子化效率，但盐浓度过高时，也会产生离子的抑制效应，故流动相的盐浓度需要根据体系具体调整。

5. 定性及定量分析

按照上述色谱、质谱条件根据待分析的目标物建立包括理论精确分子量、保留时间、碎片离子等信息的标准数据库。然后对实际样品溶液进行一级质谱全扫描和二级质谱碎片离子扫描，并将测试结果的提取离子流图与标准谱库进行比较。阳性样品通过精确分子量（偏差 $<3\times10^{-6}$）、保留时间（偏差 <0.2min）、碎片离子的精确分子量与元素组成等信息综合判断，确定检出化合物。结果定量可由一级全扫描的色谱图的峰面积或峰高（图 2-19）进行。8 种化学成分的保留时间、一级质谱准分子离子峰以及二级质谱主要碎片离子数据见表 2-10。

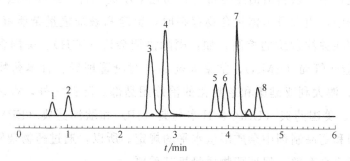

图 2-19　8 种非法添加化合物的离子流色谱图

1—茶碱；2—磺胺甲噁唑；3—氯苯那敏；4—苯海拉明；5—喷托维林；

6—苯丙哌林；7—醋酸泼尼松；8—地西泮

表 2-10　8 种非法添加化合物精确定性信息

化合物	保留时间/min	理论分子量	实测分子量	二级质谱的主要碎片离子
茶碱	0.71	181.0726	181.0729	124.0512
磺胺甲噁唑	1.01	254.0599	254.0611	156.0112
氯苯那敏	2.54	275.1315	275.1338	230.0734,167.0731
苯海拉明	2.82	256.1701	256.1712	165.0700,152.0623
喷托维林	3.78	334.2382	334.2378	145.1012,100.1125
醋酸泼尼松	3.94	401.1964	401.1988	383.1893,341.1787
苯丙哌林	4.18	310.2171	310.2192	165.0695,126.1281
地西泮	4.56	285.0795	285.0769	222.1153,193.0890

6. 应用特点

前文介绍的止咳平喘类中成药中非法添加 8 种化学成分的检测方法简单、高效、快速、准确，可为快速筛查非法添加物、打击制假售假提供强有力的技术保障。与常规的液相串联质谱技术相比，UPLC-Q-TOF 技术能在非常短的时间内（5min 左右）实现 8 个目标化合物的分离，并且获得高精度的分子离子峰、多级碎片信息等质谱数据，能够实现对目标化合物的精确定性，这对非法添加物的检测具有重要意义。

（六）药物杂质的快速鉴定——HRMS 法

1. 背景简介

药物杂质通常是指影响药物纯度的物质。人用药物注册技术要求国际协调会（简称 ICH）对杂质的定义为：药物中存在的，化学结构与该药物不一致的任何成分。原料药物中的杂质可能源于合成过程或起始物料、中间体、溶剂、催化剂以及反应副产物等其他来源。在药品开发过程中，杂质可能由于原料药物成分不稳定、与辅料不兼容、与包装材料发生反应而产生。药物中含有杂质会降低疗效，影响药物的稳定性，有的甚至对人体健康有害或产生其他毒副作用。因此，对药物所含杂质的分析对于药物的研发至关重要。在研究过程中，杂质谱信息能帮助药物化学家优化合成路线和避免潜在的有毒杂质。在开发过程中，当大量母体化合物存在时，鉴定和表征痕量杂质就显得至关重要。许多监管机构都在关注杂质的控制，如：国际协调会议（ICH）、美国食品药品管理局（USFDA）、欧盟药管局（EMA）、加拿大药品与健康管理局、日本药物和医疗器械管理局（PMDA）、澳大利亚健康和老龄化的治疗用品部。除此之外，很多官方药典，如英国药典（BP）、美国药典（USP）、日本药典（JP）和欧洲药典（EP）也越来越多地加入了对原料药和药品制剂中杂质限量水平的规定。所以，通过药物杂质的检测，控制纯度对确保用药安全有效、保证药物质量极其重要。

ICH 指南将原料药物相关杂质分为三个大类：有机杂质，无机杂质和溶剂残留。

有机杂质是指原料药或药物制剂在生产或贮存过程中可能产生的杂质。它们可能是已知的、未知的、挥发性的或者不挥发性的化合物，其来源包括起始物料、中间体、副产物以及降解产物。它们也可能来自于对映体间的消旋或污染。所有这些情况下产生的杂质都有可能导致不良的生物活性。

无机杂质可能来源于药品生产所用的原料、合成添加剂、辅料以及生产过程。几种潜在的毒性元素可能是这些组分中天然存在的，必须在所有药品中检测这些元素。生产过程中可能要加入另外一些组分，一旦加入，就必须对其中的杂质进行监测。无机杂质的来源包括生产过程中的试剂［如配位体、催化剂（如铂族元素 PEG）］、生产过程中其他阶段引入的金属（如生产用水和不锈钢反应容器）、活性炭和过滤材料引入的元素杂质。

残留溶剂是药物生产过程中使用的或生成的挥发性有机物。药物合成中使用的很多有机试剂都有毒性或者对环境有害，而且很难彻底去除。此外，大多数药物成分的最后纯化过程包括结晶步骤，该步骤会保留少量的有机溶剂，从而可能成为有害杂质或造成药物降解。

从上述分类可知，杂质成分复杂，其分析研究与工艺、质量、稳定性、药理毒理和临床都有密切的关系，是一项系统性的工程。而目前药物杂质的鉴定研究所面临的难点在于杂质来源不清，分析鉴定方法缺乏针对性，分析结果难以评价等。因此，提高药物杂质的鉴定和验证技术势在必行。

2. 方法的选择

杂质分析的传统思路往往从制备工艺和产品结构分析入手，评估、预测产品中可能存在的副产物、中间体、降解物以及试剂、催化剂残留等大体的杂质概况，建立针对性分析方法将它们逐一检出，并进行相应的验证工作。针对性的分析方法主要有薄层色谱法、液相色谱法和色质联用法等。在各国现行的药典中，液相色谱法是药物杂质分析中使用最多的方法。但目前随着人们对药物杂质的认识进一步加深和未知物分析技术的发展，高分辨质谱（HRMS）技术逐渐成为杂质鉴定分析的重要手段。采用高效液相色谱-四极杆静电场轨道阱 Q Exactive™ Focus 高分辨质谱联用技术对药物奥美拉唑进行全面的杂质数据采集，利用高性能四极杆对目标化合物进行高专属性选择，HCD 高能碰撞池进行二级碰撞碎裂，Orbitrap 静电场轨道阱采集一级和二级高分辨质谱数据，并可借助数据处理软件 MassFrontier 分析、鉴定奥美拉唑中杂质的结构。

3. 提取方法

取奥美拉唑样品适量，加乙腈-水（50∶50）稀释至 0.5mg/mL 后进样分析。

4. 仪器检测方法

（1）液相色谱条件　采用 Hypersil GOLD 色谱柱（2.1mm×150mm，3μm），柱温为 35℃，流速为 0.5mL/min，进样体积为 8μL。流动相 A 为水，流动相 B 为乙腈，流动相 C 为 100mmol/L 乙酸铵，用乙酸调节 pH 值到 5。梯度洗脱程序如表 2-11。

表 2-11　梯度洗脱程序

时间/min	A/%	B/%	C/%
0	80	15	5
13.0	20	75	5
15.0	20	75	5
16.0	15	80	5
16.1	80	15	5
20.0	80	15	5

（2）质谱条件　采用 Q Exactive 质谱仪的电喷雾正离子模式。在 70000 和 35000 分辨率，分别采集高分辨全扫描一级质谱数据和数据依赖 Top3 二级质谱数据。鞘气流速为 45 单位 N_2，辅助气流速为 10 单位 N_2，喷雾电压为 3.5kV，毛细管柱温度为 320℃，加热器温度 400℃，全扫描范围为 180～120amu。

5. 杂质的鉴定分析

采集得到奥美拉唑的高分辨率全扫描和三个最高强度的数据依赖 HCD MS/MS 数

据。HRAM 全扫描和 MS/MS 数据提供了分子量和碎片信息 HCD（高能量碰撞解离），得到了丰富的 MS/MS 碎片和低质量端碎片信息。利用 MassFrontier 软件与这些信息互相配合，可快速检测出奥美拉唑的主要杂质并测定相应的元素组成（表 2-12）。

表 2-12　奥美拉唑及其主要杂质的信息

峰识别号	分子式	理论分子量	实测分子量	误差/(mg/L)
母离子	$C_{17}H_{19}N_3O_3S$	346.1220	346.1228	−0.5
1	$C_{16}H_{17}N_3O_2S$	316.1114	316.1116	0.5
2	$C_{17}H_{19}N_3O_3S$	362.1167	362.1172	0.7
4	$C_{17}H_{19}N_3O_3S$	389.1278	389.1281	0.8
5	$C_{18}H_{21}N_3O_4S$	376.1326	376.1331	1.5
5′	$C_{18}H_{21}N_3O_4S$	376.1326	376.1323	−0.7
5″	$C_{18}H_{21}N_3O_4S$	376.1326	376.1331	1.5
6	$C_{18}H_{18}N_4O_2S$	355.1223	355.122	−0.8
7	$C_{17}H_{19}N_3O_3S$	362.1169	362.1165	−1
8	$C_{18}H_{21}N_3O_3S$	360.1376	360.1375	−0.8
9	$C_{26}H_{27}N_5O_5S_2$	554.1526	554.1535	1.5
9′	$C_{26}H_{27}N_5O_5S_2$	554.1526	554.1535	1.6
10	$C_{18}H_{20}N_3O_3SCl$	394.0987	394.0993	1.5
10′	$C_{18}H_{20}N_3O_3SCl$	394.0987	394.0996	1.5
11	$C_{17}H_{19}N_3O_5S$	330.1272	330.1271	0.4
12	$C_{28}H_{29}N_2O_5S_2$	538.1591	538.1596	0.3
14	$C_{17}H_{18}N_2O_3S$	331.1111	331.1112	0.5

注：5′、5″是 5 的同分异构体 9′和 10′是 9 和 10 的同分异构体。

采用 Mass Frontier 的"碎片离子搜索"（FISh）功能处理 HRAM 全扫描和 MS/MS 数据，识别出与母体化合物具有相同碎片离子的化合物，并根据碎片推断出可能的杂质结构（图 2-20）。

6. 应用特点

将高性能四极杆与高分辨静电场轨道阱 Orbitrap 检测技术相结合，能够在保持高质量精度和灵敏度的前提下进行快速的正负切换，获得最全面的杂质信息。高性能四极杆能够准确快速地筛选母离子，进而获得高专属性的纯净二级质谱图，而 Orbitrap 技术具备高分辨高质量精度（HR/AM）的能力。此外，由 Q Exactive HRAM 数据和 Mass Frontier 软件组成的工作流程简明、快捷、准确，是研究人员在药物研究的早期高效准确地鉴定每批次药物中杂质的可靠方法。

二、液相色谱-质谱联用技术在食品安全领域的应用

随着人们的生活水平日益提高，对食品的营养性、保健性和安全性的关注均趋于理

图 2-20 奥美拉唑和主要杂质的可能结构

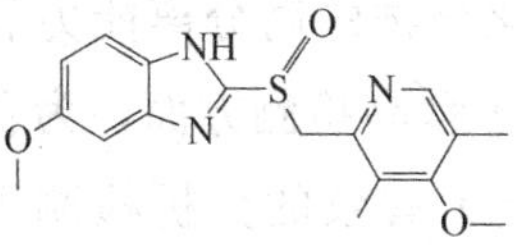

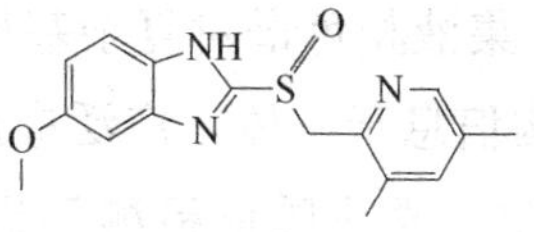

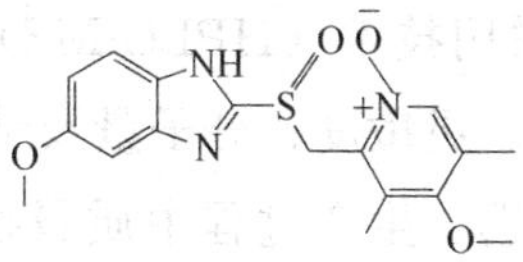

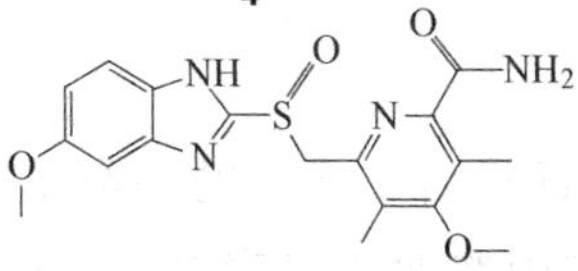

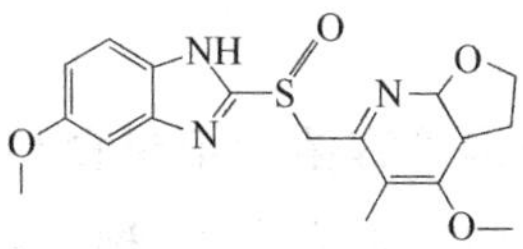

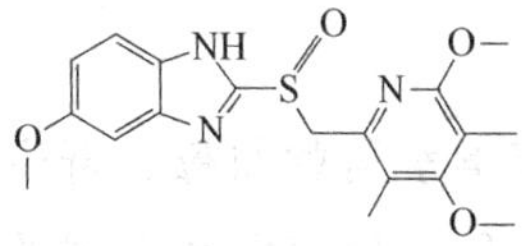

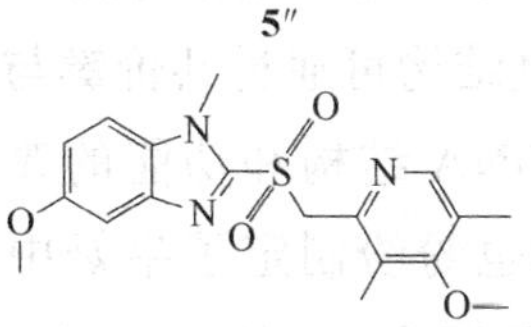

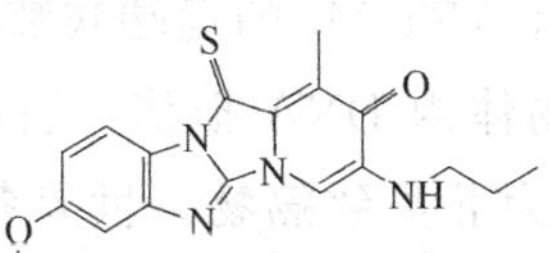

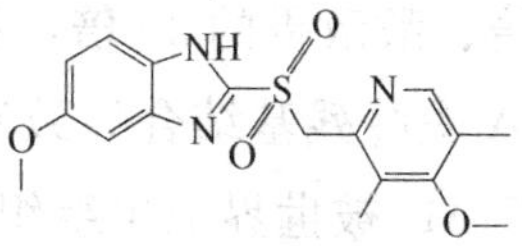

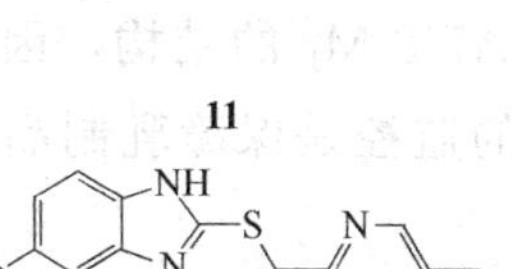

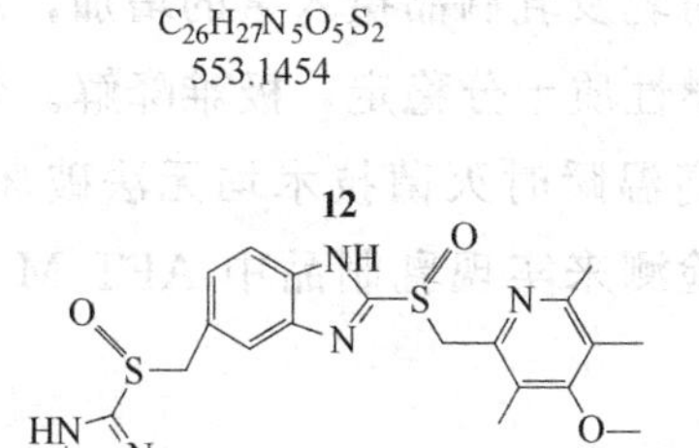

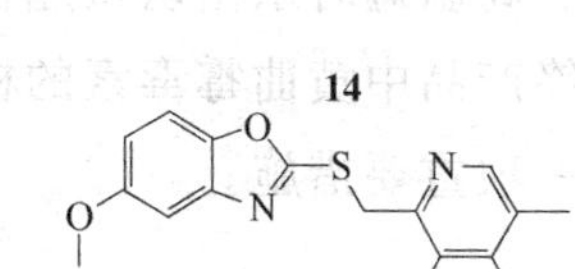

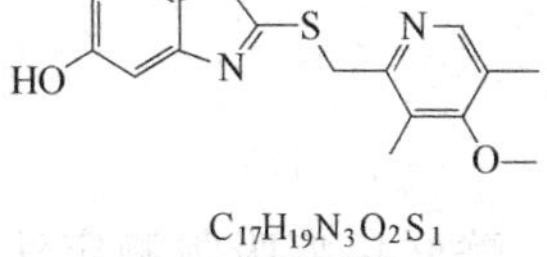

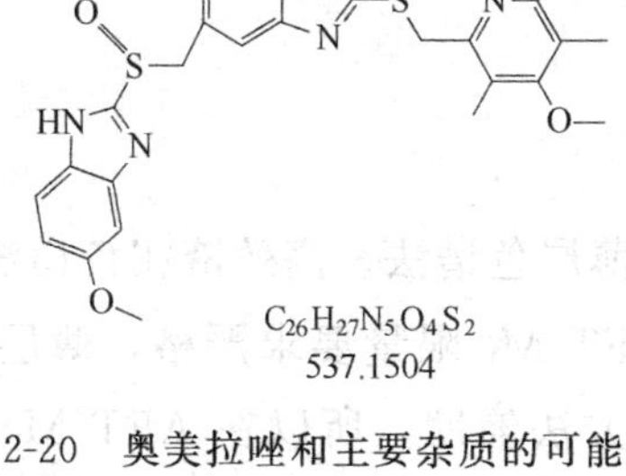

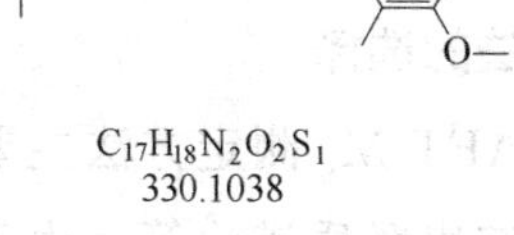

性化、科学化，国家对食品的监管也愈加重视起来，因此食品监督部门在食品检测中应用了一种准确的分析手段——高效液相色谱法（HPLC）。近几年发展起来的高效液相色谱-质谱联用技术（HPLC-MS），集液相色谱对复杂基体化合物的高分离能力和质谱独特的选择性、灵敏度、分子量及结构信息于一体，广泛应用于食品检测方面，为食品工业中原材料筛选、生产过程中质量控制、成品质量检测等提供了有效的分析检测手段。目前，LC-MS 主要用于食品中农兽药残留的检测、食品中违禁物质和有害添加剂的检测、保健品中功效成分的检测等。该技术在食品分析检验方面具有十分广阔的前景。

（一）乳制品中黄曲霉毒素 M 族的测定（参考 GB 5009.24—2016）

1. 背景简介

黄曲霉毒素是黄曲霉、寄生曲霉等霉菌污染粮食和饲料后，产生的一类结构相近的化合物的统称。目前已经发现的黄曲霉毒素有 17 种，其中黄曲霉毒素 B_1（AFT B_1）的毒性最强，且被世界卫生组织列为Ⅰ类致癌物。牛奶及乳制品中所含的黄曲霉毒素 M_1（AFT M_1）是奶牛在食用了被 AFT B_1 污染的饲料后，经消化道代谢产生的羟基化代谢产物（图 2-21）。AFT M_1 是一种强毒性、强致癌物质，其毒性是氰化钾的 3 倍、砒霜的 20 倍、敌敌畏的 30 倍，而且 AFT M_1 的远端呋喃环氧结构可通过共价键与动物体内的 DNA 嘌呤残基结合导致动物体内 DNA 损伤，引起 DNA 结构和功能的改变。2002年 AFT M_1 被世界卫生组织列为Ⅱ类致癌物。世界各国也纷纷制定了牛奶中 AFT M_1 的限量标准，中国、美国、日本的限量值为 0.5μg/kg，欧盟为 0.025～0.05μg/kg。

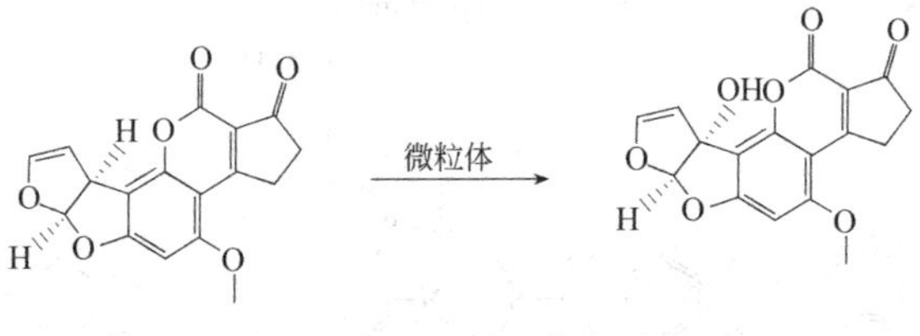

图 2-21　AFT M_1 产生过程

近年来，随着我国人们对乳及乳制品摄入量的增加，AFT M_1 对人们健康的潜在危害越来越大。AFT M_1 的化学性质十分稳定，极难降解。乳制品加工工艺中常用的巴氏杀菌、高温短时杀菌以及超高温瞬时灭菌技术均无法破坏 AFT M_1 的结构，因此，通过对终产品中黄曲霉毒素的检测来实现乳制品中 AFT M_1 的监控是保障乳制品质量安全的一项重要措施。

2. 方法的选择

AFT M_1 测定方法主要有薄层色谱法、高效液相色谱法、酶联免疫吸附测定法、液相色谱串联质谱法等，由于 AFT M_1 限量要求严格，薄层色谱法的灵敏度不能满足要求，酶联免疫法需要阳性确证方法辅助，所以在 AFT M_1 的测定上，液相色谱和液相色谱串联质谱法是目前的主流方法。液相色谱串联质谱法由于其质荷比定性能力强，灵敏度和准确度优异，作为乳制品中 AFT M_1 和 AFT M_2 检测的确证方法，在食品检测领域中应用较为广泛。

GB 5009.24—2016 中关于食品中黄曲霉毒素 M 族的测定中的第一法即为液相色谱串联质谱法，对于奶粉中 AFT M_1 和 AFT M_2 的定量限均为 $0.05\mu g/kg$。该方法用甲醇-水溶液提取 AFT M_1 和 AFT M_2，经免疫亲和柱净化富集，以串联质谱检测，同位素内标法定量。与外标法相比，内标法可以校准和消除由于提取操作条件的变化对测定结果的影响，并提高分析的准确度。而对于液相色谱串联质谱检测而言，以同位素标记的目标物作为内标不仅可以增加检测的准确度，还可以消除质谱检测过程中存在的基质效应，故在灵敏度要求较高的确证方法中，同位素内标法应用极为普遍。

3. 提取方法

称取 1g 乳粉于 50mL 离心管中，加入适量 $100\mu L$ $^{13}C_{17}$ AFT M_1 内标溶液，加入 4mL 50℃ 热水溶解混匀，待样液冷却至室温后，加入 10mL 甲醇，涡旋 3min，4℃，6000r/min 离心 10min，取上清与 40mL 水或 PBS 混合。将混合液上样免疫亲和柱，用 10mL 水洗涤，以 $2\times 2mL$ 乙腈洗脱亲和柱，洗脱液于 50℃ 氮气吹至近干，用 1mL 初始流动相定容，涡旋后过 $0.22\mu m$ 有机系滤膜，待检测。

注意事项：样品需用热水溶解，避免乳粉结块影响提取效率；免疫亲和柱使用前应检查柱容量、柱效等，防止因存储、运输等原因造成亲和柱柱效下降。定容涡旋后若管壁上有溶液残留，为避免影响定量结果，可采用离心操作。

4. 仪器检测方法

（1）液相色谱分离条件　C_{18} 柱（2.1mm×100mm，1.7μm），流动相 A 为 5mmol/L 乙酸铵水溶液，流动相 B 为甲醇-乙腈（1:1）。采用梯度洗脱方法进行分离，梯度洗脱程序为：$0\sim 0.5min$，A 相保持 68%；$0.5\sim 4.2min$，A 相由 68% 变为 55%；$4.2\sim 5.0min$，A 相由 55% 变为 0%；$5.0\sim 5.7min$，A 相保持 0%；$5.7\sim 6min$，A 相由 0% 变为 68%。流速为 0.3mL/min，进样量为 10μL。

一般认为，等度洗脱具有分析操作简便、稳定性高、结果重现性好等优点，但梯度洗脱可以显著提高分析速度，有效改善目标物的分离度，减低最小检出量，因此国标在串联质谱法检测中选择了梯度洗脱。这一洗脱方式不仅可以保证 AFT M_1 和 AFT M_2 能得到较好的分离，而且有利于最大限度地减少色谱柱相关流出物的干扰，以减少影响定量结果的因素。

（2）质谱条件　采用多离子反应监测模式，ESI^+，离子源温度 120℃，脱溶剂气温度 350℃，电子倍增管电压 650V。监测离子对信息如表 2-13 所示。

表 2-13　监测离子对信息

化合物	母离子(m/z)	定量子离子(m/z)	碰撞能量/eV	定性子离子(m/z)	碰撞能量/eV
AFT M_1	329	273	23	259	23
AFT M_2	331	275	23	261	22
$^{13}C_{17}$-AFT M_1	346	317	23	288	24

采用上述色谱和质谱条件分别对标准系列溶液、试样溶液和空白试验溶液进样检测。

5. 定性判别依据

试样中目标化合物的色谱峰的保留时间与标准溶液中相应色谱峰的保留时间相差应在±2.5％之内，而且目标物的定性和定量离子对必须同时出现。同批次检测过程中目标物的两个子离子的相对离子丰度与浓度相当的标准溶液相比，其偏差应符合表 2-14 的要求。

表 2-14 定性时相对离子丰度的最大允许偏差

相对离子丰度/％	>50	20~50	10~20	≤10
允许相对偏差/％	±20	±25	±30	±50

6. 定量结果计算

依据标准系列溶液所得的标准曲线对试样溶液中目标物的质量浓度进行计算，并计算最终样品中目标物的含量。

试样中 AFT M_1 或 AFT M_2 的残留量按下式计算：

$$X = \frac{pVf \times 1000}{m \times 1000}$$

式中　X——试样中 AFT M_1 或 AFT M_2 的含量，$\mu g/kg$；

p——进样溶液中 AFT M_1 或 AFT M_2 按照内标法在标准曲线中对应的浓度，ng/mL；

V——样品经免疫亲和柱净化洗脱后的最终定容体积，mL；

f——样液稀释因子；

1000——换算系数；

m——试样的称样量，g。

7. 应用特点

与 HPLC 等方法相比，用液相色谱串联质谱法检测黄曲霉毒素的优点在于分析速度快，定性定量准确。HPLC 在检测过程中需要不同目标物及基质干扰物获得基线分离，才能实现准确定量，而串联质谱采用多反应监测模式，不同子离子的提取互不干扰，因此对色谱分离的要求不如 HPLC 严格，即使不同目标物在接近的保留时间内出峰也不会彼此影响。近年来，亚 $2\mu m$ 粒径填料的超高压色谱柱的出现使液相分析的速度大幅度提高，配合串联质谱分析的多反应监测模式令整个仪器分析的速度更加迅速，如图 2-22 所示，5 种黄曲霉毒素的定量定性分析在 2min 内完成。同时，采用串联质谱法进行 AFT M_1 等的检测时，由于产物离子源于前体离子的碎裂，借助 2 个以上产物离子及丰度比的定性方式无疑比 HPLC 单一的保留时间定性更加准确。

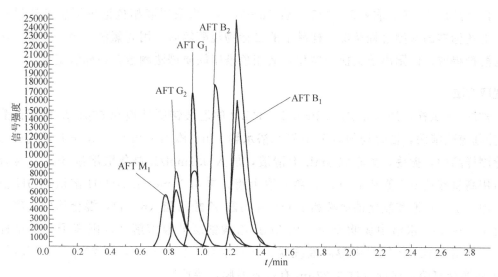

图 2-22 5 种黄曲霉毒素的提取离子色谱图

(二) 动物源食品中 β-受体激动剂的测定 (参考 GB/T 22286—2008)

1. 背景介绍

　　β-受体激动剂类药物在化学上属苯乙醇胺类 (phenethylamines)，是儿茶酚胺、肾上腺素和去甲肾上腺素的化学类似物。自 1988 年以来，β-受体激动剂主要用于防治人、畜的支气管哮喘和支气管痉挛，但动物实验表明该类药物具有提高饲料利用率和动物胴体蛋白质含量的作用，所以，一些 β-受体激动剂 (如克伦特罗、莱克多巴胺、沙丁胺醇等) 曾被作为生长促进剂用于畜牧业生产。然而，该类药物在饲料中的添加剂量较大 (一般大于 5mg/kg)，很容易在动物体内有较长的残留时间和较大的残留量，进而通过食用进入人体。近年来，大量报道显示人们食用含有 β-受体激动剂残留的食品后会出现心悸、晕眩甚至死亡的情况，所以欧盟和我国都禁止在畜牧业生产中使用 β-受体激动剂，并制定了 β-受体激动剂类药物在动物组织中 $0.5\mu g/kg$ 的限量标准。

2. 方法的选择

　　目前，β-受体激动剂的检测方法很多，主要有气相色谱-质谱法、液相色谱串联质谱法和酶联免疫法等。由于 β-受体激动剂类药物的分子量相对较小，而检测灵敏度要求较高，所以在采用气相色谱-质谱法检测时通常采用衍生化技术以提高检测灵敏度，衍生化试剂一般采用三甲基硅烷。酶联免疫法利用抗原抗体的特异性反应进行检测，具有高度特异性、快速、高通量的特点，但在某些反应中存在交叉干扰，且对非抗原性化合物不能测定。液相色谱串联质谱法则利用不同物质分子的富集、碎裂提高检测的灵敏度，降低干扰，并且检测 β-受体激动剂类药物时无需衍生，具有快速、定性定量准确、多残留的优点。因此，在实际检测中，单一 β-受体激动剂药物的快速筛查通常采用酶联免疫法，需要多残留检测时则往往选择质谱法。但由于衍生反应常常因操作条件的差异出现变化，且步骤烦琐，故现阶段液相色谱串联质谱法的应用更为普遍。

　　涉及动物源食品中 β-受体激动剂多残留检测的国家标准有 GB/T 22286—2008、

GB/T 21313—2007 和农业部 1025 公告-18—2008，均采用液相色谱串联质谱法进行检测。上述标准的检测过程类似，样品中的目标物经酶解后，用高氯酸调节 pH 值，再用适当溶剂提取，以阳离子交换柱净化，液相色谱串联质谱法测定，内标法定量。

3. 提取方法

称取 2g 试样，加入 8mL 0.2mol/L pH5.2 的乙酸钠缓冲液和 $50\mu L$ β-葡萄糖醛苷酶/芳基硫酸酯酶，混合均匀后于 37℃ 水浴水解 12h。添加 $100\mu L$ 10ng/mL 的内标溶液于待测样品中，振荡，离心取 4mL 上清液，加入 0.1mol/L 高氯酸溶液 5mL，混合均匀后用高氯酸调 pH 值到 1 ± 0.3；离心取上清，再用 10mol/L NaOH 溶液调 pH 值到 11，加入 10mL 饱和氯化钠溶液和 10mL 异丙醇-乙酸乙酯（6+4），混合均匀；离心取有机相，在 40℃ 水浴中氮吹至干，用 5mL 乙酸钠缓冲液溶解。以阳离子交换小柱净化，最终用 2mL 5% 氨水甲醇溶液洗脱，40℃ 水浴中氮吹至干，用 $200\mu L$ 0.1% 甲酸/水-甲醇溶液复溶，涡旋后过 $0.22\mu m$ 有机系滤膜，待检测。

4. 仪器检测方法

（1）质谱方法的优化　串联质谱法的特征在于借助三重四级杆的组合对每个化合物的前体离子和产物离子进行检测分析，所以质谱方法的优化关键在于确定目标物的母离子和特征子离子，进而固定一系列碰撞能量、辅助气体等质谱参数。此处以克伦特罗为例介绍针对 β-受体激动剂类药物的串联质谱法（ESI^+）确定的过程。

优化过程通常需要 100～1000ng/mL 目标物的标准溶液，溶剂为甲醇或乙腈，如果目标物本身离子化信号较弱，可适当加酸或乙酸铵等。具体操作为直接将目标物溶液引入质谱或借助三通与流动相按比例混合后引入质谱，通过电压的调节和质谱的扫描寻找目标物的分子离子。图 2-23 为 1000ng/mL 克伦特罗一级扫描质谱图。依据克伦特罗的分子量 276，在图中可以看到克伦特罗的前体离子（即分子离子峰）$[M+H]^+$ 的 m/z 为 277。

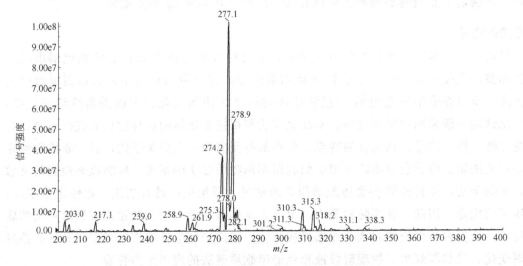

图 2-23　克伦特罗分子一级质谱轮廓图

在确定目标物的分子离子峰后，切换质谱的模式，通过对第一级四级杆筛出的分子离子进行碰撞，分析目标物的特征产物离子，此时通常需要调节碰撞能量的大小，根据碎片丰度的变化确定特征产物离子。图 2-24 为克伦特罗分子离子经碰撞后产生的质谱图。从图中可以看出，经一定能量碰撞后，克伦特罗主要碎片为 $m/z259$ 和 $m/z203$，且 $m/z203$ 的丰度大于 $m/z259$，故将 $m/z203$ 定为定量离子，$m/z259$ 则为定性离子。

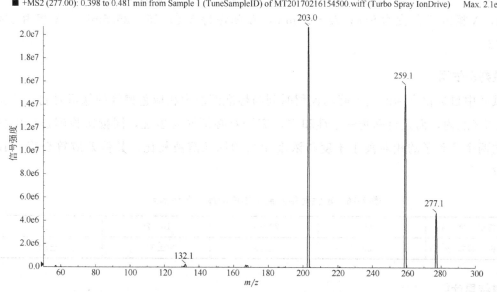

图 2-24　克伦特罗分子二级质谱轮廓图

　　确定定性和定量离子对后，可进一步对质谱离子源的一些气体进行优化，不同厂家的仪器参数略有不同。由于这些气体参数对于不同的目标物会有一定的差异，比较常规的做法是取平均参数，或以灵敏度要求最苛刻的目标物为准。

　　经过上述优化过程，β-受体激动剂类药物最终的质谱参数如表 2-15 所示，其各自的毛细管电压、锥孔电压、碰撞能量等以优化至最优灵敏度为准。

表 2-15　β-受体激动剂类药物的质谱参数

化合物	母离子 (m/z)	子离子 (m/z)	定量子离子 (m/z)	化合物	母离子 (m/z)	子离子 (m/z)	定量子离子 (m/z)
沙丁胺醇	240	148,222	148	特步他林	226	152,125	152
塞曼特罗	202	160,143	160	赛布特罗	234	160,142	160
莱克多巴胺	302	164,284	164	克伦特罗	277	203,259	203
溴代克伦特罗	323	249,168	249	溴布特罗	367	293,349	293
苯氧丙酚胺	302	150,284	150	马布特罗	311	237,293	237
马喷特罗	325	237,217	237	克伦特罗-D_9	286	204	204
沙丁胺醇-D_3	243,	151	151				

（2）液相方法的确定　液相方法的确定通常包括色谱柱的选择和洗脱程序的优化。依据文献，β-受体激动剂类药物采用常规的 C_{18} 柱即可实现分离，如果目标物没有明确的文献可参考，可以依据目标物的结构尝试不同填料类型的色谱柱。此处针对β-受体激动剂类药物的最终液相条件为：Waters Atlantics C_{18} 柱，150mm×2.1mm，5μm；柱温30℃，流速0.2mL/min，进样量20μL。流动相A为0.1%甲酸水溶液，流动相B为0.1甲酸乙腈。采用梯度洗脱方法进行分离、梯度洗脱程序为：0～2min，A相保持96%；2～8min，A相由96%变为20%；8～21min，A相由20%变为77%；21～22min，A相由77%变为5%；22～25min，A相保持5%；25～25.5min，A相由5%变为96%。

5. 定性判别依据

试样中目标化合物的色谱峰的保留时间与标准溶液中相应色谱峰的保留时间相差应在±2.5%之内，而且目标物的定性和定量离子对必须同时出现，同批次检测过程中目标物的两个子离子的相对离子丰度与浓度相当的标准溶液相比，其偏差应符合表 2-16 的要求。

表 2-16　定性时相对离子丰度的最大允许偏差

相对离子丰度/%	>50	20～50	10～20	≤10
允许相对偏差/%	±20	±25	±30	±50

6. 定量结果计算

样品中沙丁胺醇、特步他林、塞曼特罗、塞布特罗、莱克多巴胺、克伦特罗、溴布特罗、苯氧丙酚胺、马布特罗、马喷特罗或溴代克伦特罗的含量按如下公式计算（其中依据化合物结构特性，沙丁胺醇、特步他林和莱克多巴胺以沙丁胺醇-d_3为内标物质，其余化合物均以克伦特罗-d_9为内标物质）：

$$X = \frac{c \times c_i \times A \times A_{si} \times V}{c_{si} \times A_i \times A_s \times m}$$

式中　X——样品中被测化合物的质量浓度，μg/kg；

　　　c——相应化合物的标准工作液浓度，μg/L；

　　　c_{si}——标准工作液中内标物质的浓度，μg/L；

　　　c_i——样品中内标物的浓度，μg/L；

　　　A_s——标准工作液中化合物的峰面积；

　　　A——样品溶液中化合物的峰面积；

　　　A_{si}——标准工作溶液中内标物的峰面积；

　　　A_i——样品溶液中内标物的峰面积；

　　　V——样品定容体积，mL；

　　　m——样品称样量，g。

7. 应用特点

与其他方法相比，本方法的前处理过程对于杂质的去除比较充分。首先针对部分β-受体激动剂类药物（如沙丁胺醇、莱克多巴胺等）在组织或者生物样品中往往会与葡萄糖苷酸、硫酸酯蛋白结合的特征，采用酶解的方式去除药物的结合态；其次又通过高氯酸沉淀蛋白和异丙醇-乙酸乙酯在碱性溶液中提取目标物；最后采用阳离子交换 SPE 柱净化，使获得的提取液中杂质相对较少。最终液相色谱串联质谱法进行多残留检测和内标法的应用也确保了检测的高灵敏度和选择性。

(三) 食品中维生素 D 的测定 (参考 GB 5009.82—2016)

1. 背景简介

维生素 D（vitamin D，VD）是环戊烷多氢菲类化合物，可由维生素 D 原（provitamind）经紫外线 270~300nm 激活形成。目前认为维生素 D 也是一种类固醇激素，维生素 D 家族成员中最重要的成员是 VD_2（麦角钙化醇）和 VD_3（胆钙化醇）。维生素 D 主要用于组成和维持骨骼的强壮，可用于防治儿童的佝偻病和成人的软骨症、关节痛等等。患有骨质疏松症的人通过添加合适的维生素 D 和镁可以有效提高钙离子的吸收度。此外，维生素 D 还被用于降低结肠癌、乳腺癌和前列腺癌的患病率，对免疫系统也有增强作用。近年来人们日益关注食品中维生素 D 的含量，尤其是婴幼儿食品，所以食品中维生素 D 的测定也是衡量某些食品营养指标的重要方面。

2. 方法的选择

目前维生素 D 的测定方法主要有液相色谱法和液相色谱串联质谱法，GB 5009.82—2016 中的第三法和第四法分别为质谱法和液相色谱法，但液相色谱法需要经过正相高效液相色谱半制备，然后再以反相液相色谱分离检测，提取浓缩环节众多，步骤较为烦琐。故液相色谱串联质谱法应用更为广泛。

GB 5009.82—2016 中关于食品中维生素 A、维生素 D、维生素 E 的测定中第三法为液相色谱串联质谱法，对于含淀粉及不含淀粉的食品中维生素 D_2 的定量限为 $3\mu g/100g$，维生素 D_3 的定量限为 $0.6\mu g/100g$。该方法通过试样中加入维生素 D_2 和维生素 D_3 的同位素内标后，经氢氧化钾乙醇溶液皂化（含淀粉试样先用淀粉酶酶解）、提取、硅胶固相萃取柱净化、浓缩后，反相高效液相色谱 C_{18} 柱分离，串联质谱法检测，内标法定量。

3. 提取方法

对于不含淀粉的样品，称取 2g 试样，经均质混匀后加入 $100\mu L$ VD_2-d_3 和 VD_3-d_3 混合内标溶液以及 0.4g 抗坏血酸；再加入 6mL 40℃温水，混匀后加入 12mL 乙醇，涡旋；再加入 6mL 氢氧化钾溶液，涡旋 30s 后于 80℃避光恒温水浴振荡 30min，取出放入冷水浴降温。

对于含淀粉样品，称取 2g 试样，均质混匀，加入 $100\mu L$ VD_2-d_3 和 VD_3-d_3 混合内

标溶液以及 0.4g 淀粉酶，加入 10mL 40℃温水，于 60℃避光恒温振荡 30min 后，取出放入冷水浴降温；向冷却后的酶解液中加入 0.4g 抗坏血酸、12mL 乙醇，涡旋 30s；再加入 6mL 氢氧化钾溶液，涡旋 30s 后放入恒温振荡器中，同上述过程皂化 30min。

皂化后，在样液中加入 20mL 正己烷，涡旋离心后取上层清液到 50mL 离心管，加入 25mL 水，轻微晃动 30 次，离心取上层有机溶液，过硅胶固相萃取柱净化，最终以 6mL 乙酸乙酯-正己烷溶液（15+85）洗脱。洗脱液在 40℃下氮吹至干，以 1mL 甲醇复溶，过 0.22μm 有机系滤膜，待测。

提取说明：由于维生素 D 为脂溶性，在食品中多以酯类形式存在，极少为游离状态，而食品中大量类脂类化合物往往会干扰维生素 D 的测定，因此，本实验中的皂化步骤必不可少，主要为了使待测目标物成游离状态。

注意事项：样品在皂化过程中，如果组织较为紧密，可每隔 5～10min 取出涡旋 30s，确保样品分散状态下进行皂化。此外，皂化时间可根据需要适当延长。

4. 仪器检测方法

（1）液相色谱分离条件 C$_{18}$ 柱（2.1mm×100mm，1.8μm），流动相 A 为 0.05% 甲酸-5mmol/L 甲酸铵水溶液，流动相 B 为 0.05% 甲酸-5mmol/L 甲酸铵甲醇溶液。采用梯度洗脱方法进行分离，梯度洗脱程序为：0～1min，A 相保持 12%；1～4min，A 相由 12% 变为 10%；4～5.0min，A 相由 10% 变为 7%；5.0～5.1min，A 相由 7% 变为 6%；5.1～5.8min，A 相保持 6%；5.8～6.0min，A 相由 6% 变为 0%；6～17min，A 相保持 0%；17～17.5min，A 相由 0% 变为 12%；17.5～20min，A 相保持 12%。流速为 0.4mL/min，进样量为 10μL。

（2）质谱条件 采用多离子反应监测模式，ESI$^+$，鞘气温度 375℃，鞘气流速 12L/min，毛细管电压 4500V，干燥气温度 325℃。监测离子对信息如表 2-17 所示。

表 2-17 监测离子对信息

化合物	母离子(m/z)	定量子离子(m/z)	碰撞能量/eV	定性子离子(m/z)	碰撞能量/eV
VD$_2$	397	107	29	379 147	5 25
VD$_2$-d$_3$	400	110	22	382 271	4 6
VD$_3$	385	107	25	367 259	7 8
VD$_3$-d$_3$	388	107	19	370 259	3 6

采用上述色谱和质谱条件分别对标准系列溶液、试样溶液和空白试验溶液进样检测（图 2-25）。

5. 定量结果计算

依据标准系列溶液所得的标准曲线对试样溶液中目标物的质量浓度进行计算，按照

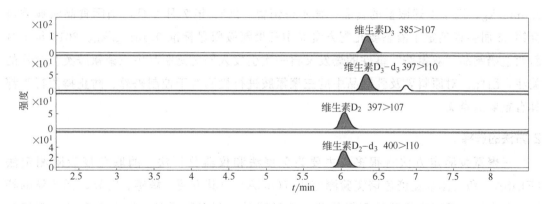

图 2-25　维生素 D 和维生素 D-d₃ 混合标准溶液的 MRM 图

如下公式计算最终样品中目标物的含量：

$$X = \frac{pVf \times 100}{m}$$

式中　X——试样中目标物的含量，$\mu g/100g$；

　　　p——根据标准曲线计算得到的试样中目标物的浓度，$\mu g/mL$；

　　　f——稀释倍数；

　　　V——定容体积，mL；

　　100——换算系数；

　　　m——试样的称样量，g。

如果试样中同时含有维生素 D₂ 和维生素 D₃，则最终样品中的维生素 D 的含量以两者之和计算。

6. 应用特点

食品中维生素 D 的检测主要针对 VD₂ 和 VD₃，应用本方法整体过程较为简便，且定性定量准确，是国内外普遍采用的公认标准。在临床上对 VD 进一步羟基化的产物 25-(OH)D₂ 和 25-(OH)D₃ 进行检测时，也同样以液相色谱串联质谱法为基本方法。

(四) 原料乳与乳制品中三聚氰胺检测方法（参考 GB/T 22388—2008）

1. 背景简介

三聚氰胺（melamine）俗称密胺、蛋白精，化学名称为"1,3,5-三嗪-2,4,6-三胺"，是一种三嗪类含氮杂环有机化合物，与甲醛缩合聚合可制得三聚氰胺树脂，可用于塑料及涂料工业，也可作纺织物防褶、防缩处理剂。其改性树脂可作色泽鲜艳、耐久、硬度好的金属涂料。该物质对身体有害，不可用于食品加工或食品添加物。2008 年"三聚氰胺"事件之后，中国国家食品质量监督检验中心指出，三聚氰胺属于化工原料，是不允许添加到食品中的。2011 年，卫生部、工业和信息化部、农业部、国家工商行政管理总局和国家质量监督检验检疫总局联合发布公告，制定三聚氰胺在乳与乳制品中的限量值：婴儿配方食品中三聚氰胺的限量值为 1mg/kg，其他食品中三聚氰胺的限量值为

2.5mg/kg，高于上述限量的食品一律不得销售。2012 年 7 月 2 日，国际食品法典委员会第 35 届会议确定了液态婴儿配方食品中三聚氰胺限量标准 0.15mg/kg。2013 年 1 月新西兰奶制品"双氰胺"事件的爆发又再一次引发人们对奶制品中三聚氰胺类化合物的关注，因此，对原料乳及乳制品中的三聚氰胺进行检测对于控制来源、防止掺假行为都具有重要的意义。

2. 方法的选择

三聚氰胺测定方法有很多，主要为免疫法和仪器分析法。酶联免疫吸附测定法（ELISA）和胶体金免疫色谱实验测定法（GICA）以其方便、敏感、特异、无污染的特性，非常适合于三聚氰胺的现场检测，还可同时检测多数样品。缺点是容易出现假阳性，只能用于三聚氰胺的快速筛选。用于三聚氰胺测定的方法包括液相色谱法（HPLC）、气相色谱质谱法（GC-MS）和液相色谱串联质谱法（LC-MS/MS）等，其中高效液相色谱法和液相色谱串联质谱法应用较为广泛。

GB 22388—2008 中关于原料乳与乳制品中三聚氰胺的检测方法第二法为液相色谱串联质谱法，定量限为 0.01mg/kg。对于液态乳、奶粉及奶酪、奶油等采用三氯乙酸进行提取，利用阳离子交换固相萃取柱净化，以液相色谱串联质谱法检测，外标法定量。

3. 提取方法

对于液态奶、奶粉、酸奶、冰淇淋和奶糖等样品，称取 1g 试样，加入 8mL 三氯乙酸溶液和 2mL 乙腈，超声处理 10min，振荡提取 10min，然后离心取上清，滤纸过滤待净化。对于奶酪、奶油和巧克力等样品，称取 1g 试样，加入 4～6g 海沙，研磨成干粉状，转移至 50mL 离心管中，以 8mL 三氯乙酸分 3 次刷洗研钵，清洗液转入离心管内，再加入 2mL 乙腈，按照上文所述的超声、振荡提取过程进行处理。

提取后若发现脂肪过多，可用三氯乙酸溶液饱和的正己烷溶液除酯，然后过阳离子交换固相萃取柱净化，最终以 6mL 5%氨水甲醇溶液洗脱，洗脱液在 50℃下氮吹至干，以 1mL 流动相复溶，过 0.22μm 有机系滤膜，待测。

提取说明：三聚氰胺属于极性化合物，溶于水和乙腈等极性较强的溶剂，因此检测时一般都选用稀酸溶液、极性较强的乙腈、乙腈和水的混合溶液或缓冲溶液等溶剂提取；而奶酪、巧克力类的样品难以在提取液中理想分散，故需在提取前往样品中加入海沙进行研磨，以增大样品与提取液的接触面积，更好地对样品进行有效提取。

4. 仪器检测方法

（1）液相色谱分离条件　强阳离子交换和反相 C_{18} 填料柱（2mm×150mm，5μm），流动相为 pH3 的乙酸铵溶液与乙腈等体积混合溶液，流速为 0.2mL/min，进样量为 10μL，柱温为 40℃。

（2）质谱条件　采用多离子反应监测模式，ESI$^+$，雾化气压力 40psi，干燥气流速 10L/min，喷雾电压 4000V，裂解电压 100V，监测离子对为母离子 m/z127，定量子离

子 $m/z85$，定性子离子 $m/z68$。

采用上述色谱和质谱条件分别对标准系列溶液、试样溶液和空白试验溶液进样检测。

5. 定量结果计算

依据标准系列溶液所得的标准曲线对试样溶液中目标物的质量浓度进行计算，按照如下公式计算最终样品中目标物的含量：

$$X = \frac{AcV}{A_s m} \times f$$

式中　X——试样中三聚氰胺的含量，mg/kg；

　　　A——试样溶液中三聚氰胺的峰面积；

　　　c——标准溶液中三聚氰胺的浓度，μg/mL；

　　　V——样液最终定容体积，mL；

　　　A_s——标准溶液中三聚氰胺的峰面积；

　　　m——试样质量，g；

　　　f——稀释倍数。

6. 应用特点

三聚氰胺及其同系物为强极性化合物，在通常的反相色谱 C_{18} 柱上几乎无保留，难以分离和检测。为延长其在色谱柱上的保留时间.一般在流动相中加入离子对试剂，与三聚氰胺形成中性离子对来改善分离条件，获得稳定的保留（图 2-26）。常用的离子对

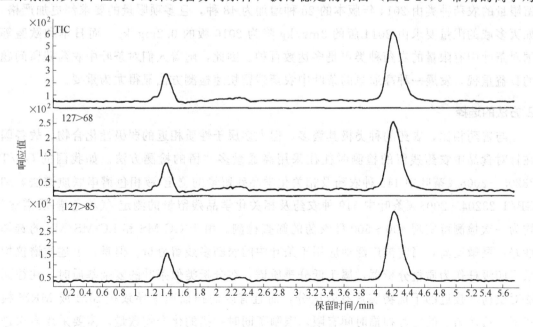

图 2-26　基质匹配加标三聚氰胺的样品 LC-MS/MS 多反应检测质量色谱图

保留时间 4.2min，定性离子 $m/z127>85$ 和 $m/z127>68$

试剂有庚烷-磺酸钠、辛烷磺酸钠、己烷-磺酸钠等，这些物质对环境有污染，对色谱柱及色谱系统有损害，也无法引入质谱。故本方法采用强阳离子交换和反相 C_{18} 混合填料柱进行分离，既保证了三聚氰胺类化合物能在色谱柱上获得保留，又确保了质谱法的应用，使方法的选择性、简便性和准确性获得提升。

（五）茶叶中 204 种农药残留量的测定——LC-Q-TOF 法

1. 背景简介

农药作为控制农林作物病虫草鼠等危害的特殊商品，在保护农业生产、提高农业综合生产能力、促进粮油稳定增产和农民增收等方面发挥重要作用，是现代农业不可缺少的生产资料和救灾物资。但是，农药对环境和人类造成的危害也不容忽视。研究表明，农药的利用率一般为 10％，约 90％会残留在环境中，对环境造成污染，而大量散失的农药挥发到空气中，流入水体中，沉降聚集在土壤中，严重污染农畜渔果产品，并通过食物链的富集作用转移到人体，对人体产生危害。因此，在合理使用低毒高效农药的同时，注重农产品中农药残留问题已成为当代社会关注的重点之一。

茶是源于中国的一种著名饮品，其含有丰富的多酚、多糖等有益成分，具有抗氧化（消除氧自由基）、抗炎、降低心血管病发病率、预防癌症、降血脂、减少体脂形成、抗菌、改变肠道菌群生态等健康保健的功效，深受世界各国（尤其东南亚国家）人们的喜爱。但是，茶树在种植过程中为了防治小绿叶蝉、螨类、蚜虫、黑刺粉虱和尺蠖类等虫害，不可避免地要施用农药，因此，我国对茶叶中农药残留的限量进行了严格的限定。GB 2763 自发布以来已经过多次修订，2016 年发布的最新版本中，茶叶中具有最大残留限量的农药种类由 2014 年版本的 28 种增加为 48 种，且多项限量的要求都更加严格，如灭多威的限量要求由 2014 版的 3mg/kg 降为 2016 版的 0.2mg/kg。而日本和欧盟等国对茶叶中有限量的农药种类更是多达数百种。因此，随着人们对茶叶中农药残留问题的日益重视，发展一种高通量的茶叶中农药残留快速检测方法显得尤为重要。

2. 方法的选择

与兽药相比，农药的种类极其繁多，但大多属于性质相近的弱极性化合物，故各国在针对食品中农药残留的检测时往往采用高通量多残留的检测方法。如我国的 GB/T 23205—2008《茶叶中 448 种农药及相关化学品残留量的测定 液相色谱串联质谱法》和 GB/T 23204—2008《茶叶中 519 种农药及相关化学品残留量的测定 气相色谱-质谱法》均为一次检测可实现 400～500 种农药的筛查检测。由于 GC-MS 和 LC-MS/MS 的选择性好，灵敏度高，当前被广泛地应用于茶叶中的农药多残留分析。但是，上述质谱仪均采用四级杆作为质量分析器，属于低分辨质谱，在分析类似茶叶的复杂基质时，往往无法对质荷比接近的干扰物实现有效区分，而且有限的扫描速率导致在 SIM 或 MRM 模式下，目标离子的绝对扫描时间有限，限制了同时扫描的化合物数量，需要采用多次进样、分组筛查的方式。因此，近年来，采用高分辨质谱进行农药多残留的分析逐渐成为研究的热点。

LC-Q-TOF 具有质量范围广、分辨率好、质量精度高、分析速度快等特点，与低分辨质谱相比，LC-Q-TOF 可通过全扫描获得化合物的精确质量数和可能的化学分子式，大大提高了复杂背景下的抗干扰能力，使检测结果更加准确可靠。并且 TOF 的扫描速率高，理论上同时扫描的目标物数量无上限，可真正实现一次扫描几百种农药的高通量检测。采用乙腈提取，经固相萃取小柱净化，用乙腈-甲苯（体积比 3∶1）洗脱，以 UPLC-Q-TOF 检测，外标法定量，建立了茶叶中 204 种农药的快速筛查法，定量限为 0.52～8.07μg/kg。

3. 提取方法

称取 1g 茶叶于 50mL 离心管中，加入 15mL 乙腈，高速均质提取 1min，400r/min 离心 5min，取上层清液于鸡心瓶中。残渣用 15mL 乙腈重复提取一次，离心。合并上清液，40℃水浴旋转蒸发至 1mL 左右，待净化。

在 Carb-PSA 柱中加入约 2cm 高的无水硫酸钠，用 4mL 乙腈-甲苯（体积比 3∶1）活化平衡萃取柱，将 1mL 提取液上柱，用下面连接的鸡心瓶收集流出液，用乙腈-甲苯溶液洗涤鸡心瓶 3 次（每次 2mL），将洗涤液也移入柱中；然后在柱上装上 50mL 贮液器，用 25mL 乙腈-甲苯溶液淋洗柱，收集所有流出液于鸡心瓶中；在 40℃水浴中旋转蒸发至约 0.5mL，用氮气吹干，用 1.5mL 乙腈-0.1％甲酸水（体积比 2∶8）定容液溶解，过 0.2μm 滤膜，滤液供仪器测定。

4. 仪器检测方法

（1）液相色谱条件　采用 Zorbax SB-C$_{18}$ 色谱柱；流动相为 5mmol/L 乙酸铵-0.1％甲酸水溶液（A）和乙腈（B）。进行梯度洗脱，洗脱程序为：0～3min，流动相 B 由 1％变为 30％；3～6min，流动相 B 由 30％变为 40％；6～9min，流动相 B 保持 40％；9～15min，流动相 B 由 40％变为 60％；15～19min，流动相 B 由 60％变为 90％；19～23min，流动相 B 保持 90％；23～23.1min，流动相 B 由 90％变为 1％；23.1～27min，流动相 B 保持 1％。流速为 400μL/min；柱温为 40℃；进样体积为 10μL。

（2）质谱条件　采用电喷雾电离源，正离子扫描模式；干燥气温度为 325℃；干燥气流速为 10L/min；雾化器压力为 276kPa；鞘气温度为 325℃；鞘气流速为 11L/min；毛细管电压为 4kV。

扫描方式为正离子全扫描，全扫描范围为 m/z 50～1600，碎裂电压为 140V。仪器配置双喷雾器电喷雾源，可以连续导入参比溶液对仪器质量轴进行实时校正。参比溶液中含嘌呤（C$_5$H$_4$N$_4$，其离子精确分子量为 121.0508730）和 HP-0921（C$_{18}$H$_{18}$O$_6$N$_3$P$_3$F$_{24}$，其离子精确分子量为 922.009798），能够实时对测定的目标物进行质量数校正，给出离子的准确质量。

采用上述色谱和质谱条件分别对标准系列溶液、试样溶液和空白试验溶液进样检测。

5. 定性及定量分析

分析过程中首先对样品进行一级全扫描，将检测结果与数据库中相应化合物的精确质量偏差、保留时间、同位素分布和同位素比例等 4 个因素进行匹配评分，分值大于 70 的农药确定为疑似农药。然后对样品进行二级质谱测定，将样品的碎片离子信息与谱图库中的碎片离子信息进行匹配，通过镜像对比结果，得出分值大于 60 的农药为目标农药。目标物的定量分析可以采用一级全扫描的结果进行。

图 2-27（a）和（b）是茶叶中噻嗪酮的一级全扫描和二级碎片离子扫描镜像对比图，表 2-18 为数据库等得出的噻嗪酮确证的得分情况。从图 2-27（a）和表 2-18 中可以看出噻嗪酮的实测分子量、保留时间等匹配度高，一级检索得分为 93.63，为疑似农药，而图 2-27（b）和表 2-18 的结果比对可以发现碎片的镜像图基本一致，故疑似噻嗪酮的化合物得到确证。

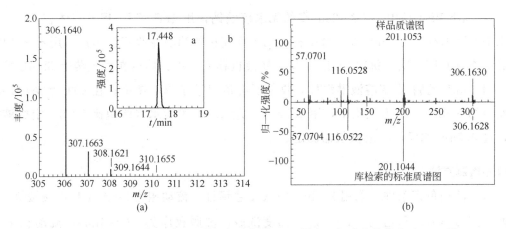

图 2-27　茶叶中添加噻嗪酮后的一级全扫描（a）图和二级碎片镜像比对（b）图

表 2-18　茶叶中添加噻嗪酮的一级、二级检索比对

化合物	分子式	保留时间/min	理论分子量	实测分子量	质量偏差/(mg/L)	得分	
						一级扫描	二级扫描
Buprofezin（噻嗪酮）	$C_{16}H_{23}N_3OS$	17.44	305.1640	305.1635	−1.6	93.63	94.76

6. 应用特点

本应用基于 LC-Q-TOF 技术建立了 204 种农药的精确质量数据库和谱图库，利用数据库对质谱检测结果的检索进行筛查分析，从而实现了无需标准品对照，一次进样就可完成茶叶中 204 种农药的同时筛查与确证。该方法具有快速、灵敏、准确的特点，为茶叶中农药的高通量快速检测提供了可靠的分析平台。借助 TOF 可建立特定化合物数据库的功能，结合样品采集的精确质量数、保留时间、同位素比值等信息，通过软件进行自动检索和分析确证，从而实现不使用标准品对目标化合物进行快速鉴定。使用常规

的低分辨质谱，必须具备标准品才能进行定性和定量，而高分辨质谱提供的精确质量数和二级碎片信息一旦形成数据库，则可轻易实现无标准的筛查。这也是近年来高分辨质谱在小分子应用领域获得快速推广的重要动力。

（六）动物源食品中 76 种兽药残留量的测定（参考 SN/T 2624—2010）

1. 背景简介

兽药（veterinary drugs）是指用于预防、治疗、诊断动物疾病或者有目的地调节动物生理机能的物质。近 20 年来，随着现代养殖技术的发展，养殖生产中各种疾病频发，用于预防和治疗的兽药（包括饲料药物添加剂）在畜牧业中的应用日益广泛。但由于养殖过程中存在重复用药、滥用药物、盲目用药和实验性用药等现象，往往导致实际用药剂量是规定剂量的几倍甚至十几倍。而人们在长期摄入含兽药的动物源食品后，药物会在人体内蓄积，当积累到一定程度后，就会对人体产生毒害作用。如磺胺类药物可引起肾损伤。所以，与农药残留问题一样，动物性食品中的兽药残留问题也逐渐成为人们普遍关注的社会焦点。目前非法使用违禁药物、滥用抗菌药和药物添加剂等，已经是造成我国动物源性食品中兽药残留超标，引起畜禽产品消费安全和食品贸易争端的主要原因。

与农药相比，由于兽药性质差别较大，现有的残留分析一般按照化学结构类似的同族药物研究相应的方法，如分别针对 β-受体激动剂、磺胺类、硝基咪唑类、苯并咪唑类及苯二氮䓬等不同类药物建立的检测方法，而这些分析方法能同时分析的药物种类较少，不能满足目前兽药种类不断增加、分析通量不断提高的需求。在现代农药检测领域，不同类别的农药多残留同时检测方法应用日趋成熟，如 GB/T 19650—2006 中一种方法就可以对动物肌肉中 478 种农药进行检测，但是有关兽药残留多类残留的同时检测的方法较少。因此，兽药多残留方法的研究一直是食品检测领域的难点和重点。

2. 方法的选择

兽药大多属于极性较强的化合物，一般采用液相色谱进行分离和分析，但由于HPLC 本身定性能力有限，故目前兽药多残留分析主要采用液相色谱-质谱联用技术。并且，随着液相色谱-质谱联用技术的快速发展，动物源性复杂食品基质中的兽药多残留检测范围已逐步从单一类别发展为多种不同类别兽药的定性与定量分析。已有采用串联四级杆或飞行时间质谱检测器同时完成液态奶中 70～100 种兽药残留的测定方法的报道，但关于其他类型食品基质中的报道较少。本应用建立了固相萃取-高效液相色谱串联质谱（SPE-HPLC/MS）同时测定动物源性食品中 76 种兽药残留的检测方法。样品采用乙腈和含 Mg^{2+} 的柠檬酸缓冲液进行提取，去除有机相后以缓冲液重溶，聚合物和阳离子交换固相萃取柱串联净化，用甲醇和甲醇-氨水（体积比 95：5）分步洗脱，液相色谱串联质谱进行测定，基质曲线外标法定量。方法的定量下限为 $0.5\mu g/kg$（β-受体激动剂类和三苯甲烷类）、$1.0\mu g/kg$（苯二氮䓬类和硝基咪唑类）、$5.0\mu g/kg$（苯并咪唑类）和 $20\mu g/kg$（磺胺类）。

3. 提取方法

（1）样品提取 称取 5g 试样于 50mL 塑料离心管中，加入 30mL 乙腈、2mL 异丙醇和 10mL 柠檬酸缓冲溶液，以 2000r/min 的速度涡旋混合 5min，以 4000r/min 离心 5min，上清液转移至 250mL 梨形瓶中。重复上述提取操作，合并提取液，加入 6mL 异丙醇后于 40℃旋转蒸发浓缩至约 5mL，转移浓缩液至 50mL 塑料离心管中，并用 5mL 柠檬酸缓冲液润洗梨形瓶，合并洗液，4℃8500r/min 离心 10min，过 0.45μm 滤膜后待净化。

（2）样品净化 将聚合物柱（MEP）和阳离子交换柱（MCX）按照从上到下的顺序装好，依次用 3mL 甲醇、3mL 水和 3mL 柠檬酸缓冲液活化。转移样液至固相萃取柱的顶部，以 0.5mL/min 流速过柱。用 3mL 柠檬酸缓冲液、3mL 水、3mL 水-甲醇溶液（体积比 5∶95）淋洗柱，抽干 5min 后，依次用 4mL 甲醇和 6mL 甲醇-氨水溶液（体积比 95∶5）洗脱柱上的待分析成分，合并收集洗脱液，在氮吹浓缩装置上于不高于 40℃的温度下蒸干。加入 1.0mL 含 0.1%甲酸水-甲醇（体积比 9∶1）溶液振荡溶解残渣后，过 0.22μm 滤膜后待测。

（3）提取说明 本应用中的目标化合物大多为偏碱性，因此首选阳离子交换模式进行净化。同时对于一些弱酸性药物和中性药物，可采用 pH2.5 缓冲液重溶后，利用反相作用机制进行保留。实验中将两种作用机制的固相萃取柱串联使用，可一次完成对 76 种兽药的净化。洗脱溶液的强度建议根据不同固相柱的特性进行优化。

4. 仪器检测方法

（1）液相色谱条件 采用 C_{18} 柱（150mm×4.6mm，粒径 3.0μm）作为液相分析柱，柱温 35℃；流速 0.6mL/min；进样量 20μL；流动相 A 为含 0.1%甲酸的乙腈，流动相 B 为含 0.1%甲酸的水溶液与甲醇（体积比为 95∶5）的混合液。梯度洗脱程序为：0～3min，流动相 A 由 0%变为 25%；3～4min，流动相 A 由 25%变为 40%；4～7min，流动相 A 由 40%变为 50%；7～9min，流动相 A 保持 50%；9～13min，流动相 A 由 50%变为 100%；13～18min，流动相 A 保持 100%；18～18.5min，流动相 A 由 100%变为 0%；18.5～23min，流动相 B 保持 100%。进样量 20μL。

（2）质谱条件 采用电喷雾正离子化模式（ESI⁺）；雾化气压力 0.448MPa；离子源温度 550℃；气帘气压力 0.207MPa；辅助气压力 0.483MPa；电喷雾电压 4500V；目标化合物检测离子对碰撞电压（CE）、去簇电压（DP）均优化至最佳。部分物质的质谱参数如表 2-19 所示。

表 2-19 各类别兽药典型物质的 MRM 参数

类　别	化合物	母离子(m/z)	子离子(m/z)	碰撞电压/V	去簇电压/V
苯二氮䓬类	地西泮	285.2	193.2	37	80
			154.2	38	84
	利眠宁	300.2	227.2	32	42
			282.2	33	66
	阿普唑仑	309.1	274.3	37	100
			205.1	34	98

续表

类　别	化合物	母离子(m/z)	子离子(m/z)	碰撞电压/V	去簇电压/V
磺胺类	磺胺喹噁啉	301.1	156.0 108.0	23 39	108 98
	磺胺嘧啶	251.1	92.1 156.0	41 23	64 70
	磺胺甲氧哒嗪	281.1	156.0 215.0	24 25	60 70
苯并咪唑类	阿苯达唑	266.2	234.2 191.2	30 48	88 88
	苯硫脲	447.3	383.2 280.2	27 44	90 90
	奥芬达唑	316.2	191.2 159.2	31 48	100 100
β-受体激动剂类	莱克多巴胺	302.2	164.2 107.1	24 51	66 66
	沙丁胺醇	240.2	148.2 202	27 16	66 66
	克伦特罗	277.1	203.1 132.1	25 42	75 75
三苯甲烷类	隐性孔雀石绿	331.2	239.2 315.2	39 37	104 113
	隐性结晶紫	374.3	358.4 238.3	39 35	104 110
硝基咪唑类	甲硝唑	172.0	128.2 82.1	21 35	55 51
	二甲硝咪唑	142.0	96.0 81.0	23 36	60 59
	洛硝哒唑	201.1	140.2 110.2	17 25	37 38

采用上述色谱和质谱条件分别对标准系列溶液、试样溶液和空白试验溶液进样检测。

5. 结果计算

试样中药物的含量按如下公式计算：

$$X_i = \frac{cV}{m}$$

式中　X_i——试样中药物残留量，$\mu g/kg$；

c——从标准曲线上得到的药物残留量的浓度，ng/mL；

V——样液最终的定容体积，mL；

m——最终样液代表的试样质量，g。

6. 应用特点

本应用采用固相萃取-液相色谱串联质谱法同时检测猪肉、猪肝、虾、牛奶和鸡蛋中 6 类共 76 种兽药残留。在检测中充分考虑了不同类别兽药的特性，根据所检测的 76 种兽药的化学结构中大多含有氨基和亚氨基等功能团而易溶于乙腈、甲醇等极性溶剂的特征，并从 pK_a 值入手，选择了对 76 种药物提取效率均较高的 pH2.5 柠檬酸缓冲液和乙腈进行复合提取，确保了上述 76 种化合物都能获得较高的提取效率。此外，在多残留检测中，离子驻留时间（dwell time）对灵敏度和定量分析影响较大，由于本方法为筛选法，灵敏度优先，因此最终经过优化后 β-受体激动剂类和三苯甲烷类为 20ms；苯并咪唑类、磺胺类、硝基咪唑类、苯二氮䓬类为 5ms。

（七）动物源食品中氯霉素类药物残留量的测定（参考 GB/T 20756—2006）

1. 背景简介

氯霉素类药物是一类广谱抗生素，其包括氯霉素、甲砜霉素、氟甲砜霉素等。这类药物对革兰氏阳性、革兰氏阴性细菌均有抑制作用，对革兰氏阳性球菌的作用不及青霉素和四环素，对厌氧的拟杆菌、各种立克次体、衣原体及菌质体都有抑制作用，对沙门菌属、流感杆菌和拟杆菌属等有良好的抗菌能力，在水产养殖和畜牧养殖中应用极为广泛。但研究表明，氯霉素能抑制人体骨髓造血功能，引起再生障碍性贫血，因此，许多国家严格禁止将氯霉素用于食品动物（尤其是产蛋鸡和奶牛），我国农业部也禁止在食品动物中使用氯霉素，并在 235 号公告中规定了甲砜霉素和氟甲砜霉素的最高残留限量。所以无论是出口还是内销的水产品和畜禽产品，氯霉素都是必检项目，且执行限量低至 $0.1\mu g/kg$。

2. 方法的选择

氯霉素类物质的检测方法很多，主要有微生物学法、免疫分析法、高效液相色谱法（HPLC）、气相色谱法（GC）、色谱-质谱联用法。其中，微生物学法简便，费用低，不需要复杂的样品前处理，曾普遍用于基础实验室；但该法易受样品基质和其他抗生素的干扰，灵敏度和专一性较差。免疫分析法借助抗原抗体反应，灵敏度高，专一性强；但存在假阳性，确证能力差。GC 和 GC-MS 为仪器法，且 GC-MS 也是重要的确证方法；但这两种方法都需要对氯霉素等进行衍生操作，才能获得高灵敏度的检测能力，操作较为烦琐，不同批次的实验数据平行性受衍生操作的影响。LC-MS/MS 无需衍生，同时前处理过程也较为简单，因此，目前在实验室检测中应用最广泛。

GB/T 20756—2006 中介绍的方法，利用样品中氯霉素、甲砜霉素和氟甲砜霉素在碱性条件下可被乙酸乙酯提取的特点，以乙酸乙酯进行提取，正己烷脱脂，LC-MS/MS 检测，方法的检测限为 $0.1\mu g/kg$。

3. 提取方法

称量样品 5.0g 置 50mL 离心管中，加入内标溶液，再加入少量无水硫酸钠、15mL乙酸乙酯，0.45mL 氨水，均质 30s，4000r/min 离心 5min，取出乙酸乙酯层倒入鸡心瓶中，重复提取一次，合并两次提取溶液，于 50℃旋蒸至干。用 1mL 水复溶，加入1mL 正己烷，涡旋混合 30s，静置分层后取水相，过 0.22μm 滤膜后待测。

4. 仪器检测方法

（1）液相色谱条件　采用 Discovery C$_{18}$ 柱（150mm×2.1mm，粒径 5μm）作为液相分析柱，柱温 40℃；流速 0.3mL/min；进样量 20μL；流动相为 60％的甲醇水溶液，等度洗脱。

（2）质谱条件　采用电喷雾负离子化模式（ESI$^-$）；离子源温度为 550℃；电喷雾电压为 4500V；气帘气压力、辅助气压力以及目标化合物检测离子对碰撞电压（CE）、去簇电压（DP）均优化至最佳。氯霉素类物质的质谱参数如表 2-20 所示。

表 2-20　氯霉素类物质的 MRM 参数

化合物	母离子（m/z）	子离子（m/z）	碰撞电压/V	去簇电压/V
氯霉素	320.9	257.0 152.0	−16 −26	−55 −55
甲砜霉素	354.0	290.0 185.0	−18 −27	−55 −55
氟甲砜霉素	356.0	336.0 185.0	−14 −27	−55 −55

采用上述色谱和质谱条件分别对标准系列溶液、试样溶液和空白试验溶液进样检测。

5. 结果计算

试样中药物的含量按如下公式计算：

$$X = \frac{c \times c_i \times A \times A_{si} \times V}{c_{si} \times A_i \times A_s \times m}$$

式中　X——样品中被测化合物的质量浓度，μg/kg；

$\qquad c$——相应化合物的标准工作液浓度，μg/L；

$\qquad c_{si}$——标准工作液中内标物质的浓度，μg/L；

$\qquad c_i$——样品中内标物的浓度，μg/L；

$\qquad A_s$——标准工作液中化合物的峰面积；

$\qquad A$——样品溶液中化合物的峰面积；

$\qquad A_{si}$——标准工作溶液中内标物的峰面积；

$\qquad A_i$——样品溶液中内标物的峰面积；

$\qquad V$——样品定容体积，mL；

$\qquad m$——样品称样量，g。

6. 应用特点

与其他检测氯霉素的方法相比，本方法采用碱性条件下乙酸乙酯提取、正己烷脱脂的前处理方式，内标法定量检测，整个过程操作简单，物质的绝对损失较小，对于动物肌肉、水产品中氯霉素的检测而言，方便、快捷、灵敏度高，在实践中使用率高。

（八）食品中牛奶过敏原酪蛋白的检测

1. 背景简介

过敏原，又称为变应原、过敏物、致敏原、致敏物。过敏原为通俗用语，致敏原或变应原为医学术语，是指能够使人发生过敏反应的抗原。严格地说，过敏原是一种能促进在特应性个体发生超敏反应的非寄生抗原。其共同的特点是：接触过敏原一定时间后，机体致敏。致敏期的时间可长可短，这段时间内没有临床症状，当再次接触过敏原后，方可发生过敏反应。食物过敏则是过敏患者对某些食物产生的一种变态免疫反应。

食物过敏原是引起过敏反应的抗原性物质，多数为食品中的蛋白质。随着食物过敏人群在全世界范围内的增加，食物过敏已经成为当今社会一个主要的健康问题。目前发现大约有 160 种以上的食物含有过敏原，而 90% 以上的过敏反应都是由几大类过敏原引起的。牛奶是最常见的能够引起普遍过敏反应的食物之一。牛奶中蛋白质含量为 30%～37%，其中酪蛋白约占牛奶蛋白质的 80%～82%。牛奶中的酪蛋白是氨基酸、钙和磷等多种有益物质的来源，但同时也是极容易引起过敏的食物过敏原。这种过敏常常导致湿疹、腹泻、呕吐、粪便中带血、腹痛、腹胀，严重时也会导致不同器官的过敏反应。因此，对食品中牛奶过敏原酪蛋白进行检测十分必要。

2. 方法的选择

目前过敏原检测方法主要有免疫分析法、聚合酶链反应（PCR）法和质谱法。免疫分析法主要是通过特异性抗体检测目标蛋白质，包括免疫印迹法和酶联免疫吸附试验（ELISA）。免疫分析方法特异性强，但由于食品热加工以及工艺过程会破坏目标蛋白质的结构，使蛋白质不能被特异性抗体识别，导致假阴性反应。PCR 法对致敏食品中特异的 DNA 片段进行扩增，目标物质明确，假阳性率降低，但是检测物是 DNA 而非致敏蛋白质。质谱方法既克服了免疫学方法存在的通量低和交叉反应的弊端，也克服了 PCR 技术不能直接检测致敏蛋白质的缺点，能够对蛋白质和多肽进行明确鉴定，并且可以同时直接检测多种过敏原。目前已有多种类型的质量分析器包括三重四极杆质谱（QqQ）、四极杆-线性离子阱质谱、四极杆/静电场轨道阱高分辨质谱（Q/Orbitrap MS）、四极杆-飞行时间质谱等被应用于食品过敏原的检测。

超高效液相色谱-四极杆/静电场轨道阱高分辨质谱（UPLC-Orbitrap MS）同时检测食品中的 4 种酪蛋白过敏原的方法，采用缓冲液对样品进行提取，用 5kDa 超滤膜去除小分子杂质，得到蛋白质提取液。以数据依赖采集方式获得全扫描质谱图，进行蛋白质定性确证，以平行反应监测技术对目标特征肽段进行定量分析，方法的定量限为 0.2～5.5μg/kg。

3. 提取方法

取 1g 固体样品，加入 25mL 40mmol/L Tris·HCl；或取 5g 液体样品加入 20mL 40mmol/L Tris·HCl。放入水浴锅中，于 65℃振荡提取 2h。取出后 4000g 离心 5min，取上清液 500μL，加入 100μL 内标物标准工作溶液，混合后转移至 5kDa 超滤离心管中。于 10000g 高速离心 15min，超滤浓缩除去小分子杂质得到蛋白质提取液。吸取 200μL 蛋白质提取液加入 15mL 低蛋白吸附离心管中，随后加入 150μL 500mmol/L 碳酸氢铵，混匀后加入 10μL 500mmol/L 的 DDT 溶液，混匀，于 75℃下恒温反应 30min。冷却至室温后加入 30μL 500mmol/L 的 IAA 溶液，暗处静置 30min。随后加入 10μL 100mmol/L 氯化钙溶液和 50μL 500μg/mL 牛胰蛋白酶溶液，混匀后置于 37℃恒温水浴中酶解 2h。最后加 10μL 甲酸终止反应，静置 15min，用水定容至 1mL，过 0.22μm 低蛋白吸附滤膜，待测。

注意事项：酶解时间决定了最终的肽段浓度，而不同厂家、品牌的酶的活性存在差异，需要进行优化。

4. 仪器检测方法

（1）液相色谱条件　采用 Kinetex XB-C$_{18}$ 色谱柱（2.1mm×100mm，1.7μm）；以 0.05％甲酸溶液（流动相 A）和 0.05％甲酸乙腈溶液（流动相 B）进行梯度洗脱。梯度洗脱程序为：0～4min，流动相 A 保持 97％；4～19min，流动相 A 由 97％变为 30％；19～20min，流动相 A 由 30％变为 10％；20～24min，流动相 A 保持 10％；24～25min，流动相 A 由 10％变为 97％；25～30min，流动相 A 保持 97％。进样量为 10μL，流速为 0.2mL/min。

（2）质谱条件　电喷雾电离（ESI）源采用正离子模式；保护气压力为 30psi；辅助气压力为 10psi；喷嘴电压为 3.5kV；毛细管温度为 320℃；辅助气温度为 250℃；采用全扫描模式，扫描范围为 m/z 300～2000；分辨率为 35000。酪蛋白酶解后的特征肽段质谱参数如表 2-21。

表 2-21　酪蛋白酶解后的特征肽段质谱参数

牛奶蛋白	肽段序列	分子量	母离子 m/z（电荷状态）	子离子 m/z（碎片）
a-S$_1$ casein	HQGLPQEVLNENLLR(S$_1$-H)	1758	587.31984(+3)	871.49713(y7)
	YLGYLEQLLR(S$_1$-Y)	1267	423.23968(+3)	991.55537(y8)
a-S$_2$ casein	NAVPITPTLNR(S$_2$-N)	1195	598.34331(+2)	911.53185(y8)
	FALPQYLK(S$_2$-F)	979	490.28420(+2)	648.37012(y5)
κ-casein	YIPIQYVLSR(K-Y)	1251	417.90805(+3)	315.20275(y8)
	SPAQILQWQVLSNTVPAK(K-S)	1979	660.70195(+3)	738.41211(b7)
β-casein	VLPVPQK(β-V)	780	390.75254(+2)	372.22308(y3)
	AVPYPQR(β-A)	829	415.72960(+2)	400.22977(y3)

采用上述色谱和质谱条件分别对标准系列溶液、试样溶液和空白试验溶液进样检测。

注意事项：特征肽段的选择对基于胰蛋白酶酶解方法进行定量的蛋白质来说非常重要，一段合适的特征肽段序列对于被分析蛋白质来说必须有特异性，不易发生蛋白质修饰；易被质谱系统检测；非常稳定；酶解具有较高的重现性，不会发生错切或漏切；

6~12个氨基酸长度的肽为优先选择，肽段过短会降低其特异性，肽段过长定量不准确。该步骤需要结合文献和实验结果确定。

5. 定性及定量分析

为了检测胰蛋白酶酶解后食物样品中的肽段浓度，用含有以上 8 个合成肽段的标准工作溶液制作标准曲线，在每个浓度的溶液中均加入 $100\mu L$ 内标肽段混合工作溶液。由于不同的食物基质对肽段信号具有增强或抑制的作用，为降低基质效应对酪蛋白定量的影响，采用果汁、果酱、面包和麦片空白基质提取液绘制标准曲线。实际测得的酪蛋白以两个特征肽段加以定性，相应高响应的肽段进行定量。

6. 应用特点

本应用采用超高效液相色谱-四极杆/静电场轨道阱高分辨质谱检测食品中的牛奶过敏原酪蛋白，样品前处理步骤简单，酶解时间短，且有较高的灵敏度和回收率。应用中涉及多电荷的大分子肽段，样品中目标物的共流出组分会影响样品的离子化效率，使目标物在基质和溶剂中的响应各不相同，从而对结果产生影响。为了消除检测中不容忽视的基质效应，引入内标来消除基质效应对结果的影响。根据内标的选择原则，选择与特征肽段相似的氨基酸序列作为内标。采用在特征肽段氨基酸序列中增加或者替代一个氨基酸作为内标物质，增加或替代的氨基酸应满足如下要求：取代氨基酸与原氨基酸应具有相近的极性和化学结构，保证其与特征肽具有相似的色谱行为；两个氨基酸间的分子量相差 20 以上，以降低与特征肽段间的相互干扰；避免取代或替换氨基酸序列中胰蛋白酶的位点 R 和 K，以免影响酶切效率；避免取代碎片离子两端的氨基酸，以免影响碎片离子的离子化效率。这种不同于小分子内标的选择模式对方法的建立具有积极的意义。

三、液相色谱-质谱联用技术在环境监测领域的应用

（一）水中苯氧羧酸类除草剂的监测（参考 HJ 770—2015）

1. 背景介绍

苯氧羧酸类除草剂是一种高效的除草剂。自 1941 年合成了第一个苯氧羧酸类除草剂的品种 2,4-滴以来，此类除草剂所展现的选择性、传导性及杀草活性成为其后除草剂发展的基础，促进了化学除草的发展。这类除草剂属于激素类除草剂，低浓度时可促进植物生长；而高浓度时则通过打破植物体内的激素平衡，进而影响植物的正常代谢，导致敏感杂草的一系列生理生化变化，引起组织异常和损伤，抑制植物生长发育，出现植株扭曲、畸形直至死亡。迄今为止，苯氧羧酸类除草剂仍然是重要的除草剂品种。但是，苯氧羧酸类除草剂具有强极性，使用后易溶解于地表水中，并迅速扩散，导致周围环境的大面积污染进而严重威胁人类健康。虽然该类药物本身属于中低毒性，但是其代谢产物（尤其是一些卤化物）对人类和生物体都会造成危害。研究显示，这些代谢产物

可以引起人类软组织恶性肿瘤，具有胎盘毒性。经该类药物处理后的植物体内会蓄积很高浓度的硝酸盐或氰化物，而且被药物杀死的杂草中的药物固有毒性不会发生改变，易引起食草动物中毒。因此，各国对于苯氧羧酸类除草剂的残留都制定了严格的残留限量，如我国于 2006 年颁布的国家标准《生活饮用水卫生标准》中明确规定 2,4-D 的限值为 0.03mg/L。可见，以苯氧羧酸为代表的除草剂使用后引起的药物残留问题越来越引起国际社会的关注，各国的环境保护部门也纷纷对各自土壤、水体受苯氧羧酸类除草剂污染的情况进行检测。

2. 方法选择

目前，测定食品、环境样品中苯氧羧酸类除草剂残留的分析方法主要有液相色谱法、气相色谱法、气相色谱-质谱联用法、负离子电喷雾-离子流动光谱法和液相色谱串联质谱法等。由于苯氧羧酸类除草剂具有强极性的特点，用气相色谱法或气相色谱-质谱联用法测定时需要衍生，操作步骤比较烦琐；而用液相色谱配合紫外或二极管阵列检测器测定时，因化学性质很相近，分离度较差，灵敏度低，不易多组分同时测定。与上述方法相比，液相色谱串联质谱法通过多反应离子监测模式，不但测定的灵敏度高，而且能够同时进行定性和定量分析，是测定苯氧羧酸类除草剂较理想的分析方法。我国环保部发布的国家环境保护标准就采用了液相色谱串联质谱法对水体中的苯氧羧酸类除草剂进行检测。

HJ 770—2015 中针对地表水、地下水和废水中的 2-甲基-4-氯苯氧乙酸、2,4-二氯苯氧乙酸、2-(2-甲基-4-氯苯氧基) 丙酸、2-(2,4-二氯苯氧基)丙酸（或 2,4-滴丙酸）、2,4,5-三氯苯氧乙酸、2-(2,4,5-三氯苯氧基)丙酸（或 2,4,5-涕丙酸）、4-(2,4-二氯苯氧)丁酸和 4-(2-甲基-4-氯苯氧基)丁酸等 8 种苯氧羧酸类除草剂进行检测。直接进样的测定下限为 1.2～2.0μg/L。该方法采用直接进样或经固相萃取柱富集，以液相色谱串联质谱法检测，内标法定量。

3. 提取方法

对于浓度适于直接进样的水样：取混匀水样 1mL，加入 2,4-二氯苯氧乙酸-$^{13}C_6$ 内标溶液适量，混匀后过 0.22μm 滤膜，待测。

对于浓度不适于直接进样的水样，取 100mL 水样，以硫酸或氢氧化钠溶液调 pH 至中性，经二乙烯苯和 *N*-乙烯基吡咯烷酮共聚物（HLB）固相萃取柱富集，最终以 10mL 甲醇洗脱，氮吹浓缩至尽干，用 1mL 20%乙腈水溶液复溶，加入内标溶液 5μL，混匀后过 0.22μm 滤膜，待测。

4. 仪器检测方法

（1）液相色谱分离条件　反相 C_{18} 柱（2.1mm×100mm，1.7μm），流动相 A 为 2mmol/L 乙酸铵水溶液，流动相 B 为乙腈。梯度洗脱程序为：0～1min，流动相 A 保持 80%；1～3min，流动相 A 由 80%变为 60%；3～5min，流动相 A 由 60%变为 20%；

5～6min，流动相 A 保持 20％；6～6.5min，流动相 A 由 20％变为 80％；6.5～10min，流动相 A 保持 80％。流速为 0.3mL/min，进样量为 10uL，柱温为 40℃。

（2）质谱条件　采用多离子反应监测模式，ESI‾，离子源温度 120℃，雾化温度 350℃，雾化器流速 800L/h，反吹气流速 10L/h，毛细管电压 2.8kV，碰撞气流速 0.10mL/min，监测离子对如表 2-22 所示。

表 2-22　监测离子对信息

化合物	母离子(m/z)	子离子(m/z)	驻留时间/s	锥孔电压/V	碰撞电压/V
2-甲基-4-氯苯氧乙酸	199 201	141* 143	0.02	20 20	15 15
2,4-二氯苯氧乙酸	219 221	161* 163	0.02	16 16	12 12
2-(2-甲基-4-氯苯氧基)丙酸	213 215	141* 143	0.02	20 20	15 15
2-(2,4-二氯苯氧基)丙酸	233 235	161* 163	0.02	16 16	12 12
2,4,5-三氯苯氧乙酸	253 255	195* 197	0.02	16 16	12 12
2-(2,4,5-三氯苯氧基)丙酸	267 269	195* 197	0.02	16 16	10 10
4-(2,4-二氯苯氧)丁酸	247 249	161* 163	0.02	10 10	10 25
4-(2-甲基-4-氯苯氧基)丁酸	227 229	141* 143	0.02	15 12	12 10
2,4-二氯苯氧乙酸-$^{13}C_6$	225 227	167* 169	0.02	15 12	12 10

注：* 为定量离子。

采用上述色谱和质谱条件分别对标准系列溶液、试样溶液和空白试验溶液进样检测。

5. 定量结果计算

根据样品中苯氧羧酸类除草剂的峰面积、对应的内标物峰面积和内标物浓度，按下式计算样品中苯氧羧酸类除草剂的质量浓度：

$$P_i = \frac{\left(\dfrac{A_i \times P_{is}}{A_{is}} - b\right) \times V_i}{a \times V}$$

式中　P_i——样品中目标组分 i 的质量浓度，μg/mL；

　　　A_i——样品中目标组分 i 的峰面积（或峰高）；

　　　A_{is}——样品中内标物的峰面积（峰高）；

P_{is}——样品中内标物质的浓度，$\mu g/mL$；

a——标准曲线的斜率；

b——标准曲线的截距；

V_i——定容后体积，mL；

V——水样体积，mL。

图 2-28 为 8 种苯氧羧酸类除草剂和内标物的液相色谱/质谱总离子流图。

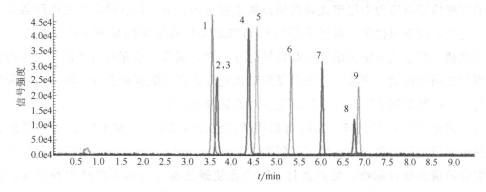

图 2-28　8 种苯氧羧酸类除草剂和内标物的液相色谱/质谱总离子流图（50$\mu g/L$）

1—2-甲基-4-氯苯氧乙酸；2,3—2,4-二氯苯氧乙酸，2,4-二氯苯氧乙酸-$^{13}C_6$；

4—2-(2-甲基-4-氯苯氧基)丙酸；5—2-(2,4-二氯苯氧基)丙酸；

6—2,4,5-三氯苯氧乙酸；7—2-(2,4,5-三氯苯氧基)丙酸；

8—4-(2,4-二氯苯氧)丁酸；9—4-(2-甲基-4-氯苯氧基)丁酸

6. 应用特点

苯氧羧酸类化合物极性强，易成盐，以负离子模式检测响应较高，但由于该类化合物均含有苯环，在质谱分析过程中往往不易获得更多的适于监测的子离子。很多文献采用了加大碰撞电压的方式解决这一困难，但所获得的子离子丰度相对较小。本方法利用目标物均含有氯元素，而氯原子的天然同位素丰度很大，因此选择离子对时，分别以分子离子峰与相应同位素的分子离子峰各自较易产生的子离子进行组合定性，确保了检测结果定性判别的便捷、准确。

（二）土壤中磺酰脲类除草剂残留量的测定（参考 NY/T 2067—2011）

1. 背景介绍

磺酰脲类除草剂是目前世界上使用量最大的一类除草剂，其化学结构包括芳环、磺酰脲桥及杂环三部分。自杜邦公司首先开发出麦田除草剂氯磺隆以来，全世界登记的磺酰脲类除草剂品种已达 27 个之多。此类除草剂主要用于稻田、大豆田、玉米田等的杂草防治。目前磺酰脲类除草剂在我国也已获得广泛的应用，如氯磺隆的应用面积约占播种面积的 6%。由于磺酰脲类除草剂具有高效、低毒等优点，在农业生产领域施用极多，但因其在土壤中残留时间较长，微量残留即可对后茬敏感作物造成危害，国际有关组织如 FAO、OECD 和美国 EPA 均规定，必须对各种环境介质中磺酰脲类除草剂残留及代谢降解产物进行检测。因此，对土壤、水等环境介质进行磺酰脲类除草剂的残留检

测,对于环境保护、持续农业生产乃至作物的食用安全都具有重要的意义。

2. 方法的选择

由于磺酰脲类除草剂在土壤中可发生化学降解和微生物降解,而其降解产物无明显除草活性和任何毒理学意义,因此,常规检测主要针对土壤中的磺酰脲类除草剂的药物原型进行检测。磺酰脲类除草剂的检测方法主要有液相色谱法和液相色谱串联质谱法。最早的液相检测报道为采用带光导检测器的正相液相色谱,但这种类型的检测器要求平衡时间过长,现不再使用。最近采用反相 HPLC/UV 法测定磺酰脲类除草剂在土壤和水中的残留,但是该方法灵敏度不高且缺乏专一性,通常要求充分的净化和复杂的柱切换排列和流动相梯度。而液相色谱串联质谱法则以其高灵敏度和选择性的特点成为生物和环境介质中磺酰脲类除草剂检测、定量和确证的优选方法。

农业部标准 NY/T 2067—2011 即采用液相色谱串联质谱法对土壤中 13 种磺酰脲类除草剂残留量进行检测,方法的定量限为 0.5~1.0μg/kg。该方法利用磷酸盐缓冲液和甲醇混合溶液提取目标物,然后通过 pH 变化使磺酰脲类除草剂的疏水性增加,借助 HLB 固相萃取柱实现净化,最终以液相色谱串联质谱法测定,外标法定量。

3. 提取方法

称取 10g 试样,加入 80mL pH7.8 磷酸缓冲液与甲醇等体积混合的提取液,振荡提取 30min 后再超声提取 10min,经布氏漏斗抽滤,滤液用提取溶液定容 100mL,取其中 20mL 于 40℃水浴中减压浓缩至 10mL 左右,加 10mL pH2.0~3.0 的磷酸盐缓冲溶液并用磷酸调节 pH 至 2.0~3.0。然后用 HLB 固相萃取柱净化,以 6mL 乙腈洗脱,于 40℃水浴氮吹至近干,用 2mL 50%甲醇水溶液复溶,过 0.2μm 滤膜,待测。

提取说明:磺酰脲类除草剂在 pH6~8 时,主要以阴离子形式存在,在水溶液中稳定性最强,溶解度最大,此外,一些磺酰脲类除草剂易与某些土壤中的黏土矿物发生结合,加入有机共溶剂如甲醇有助于将目标物从有机质含量较高的土壤中释放出来,所以采用 pH7.8 磷酸缓冲液和甲醇的混合溶液作为提取溶液。而过 HLB 柱之前,调 pH2.0~3.0 是为了增加磺酰脲类化合物的疏水性,有利于净化过程,但由于 pH<6 时,目标物的水解趋势增加,故该步骤应快速进行,避免长时间处于低 pH 环境中。

4. 仪器检测方法

(1)液相色谱条件 采用 Eclipse XDB-C$_8$ (3.5μm,150mm×2.1mm)色谱柱,流动相 A 为甲醇,流动相 B 为 0.1%乙酸水溶液。梯度洗脱程序为:0~2min,流动相 A 比例保持 40%;2~10min,流动相 A 由 40%变为 90%;10~20min,流动相 A 保持 90%;21min,流动相 A 变为 40%;21~29min,流动相 A 保持 40%。流速 0.2mL/min,进样量为 10μL。

(2)质谱检测条件 ESI$^+$,喷雾电压为 4500V,毛细管温度为 350℃,雾化气六度 0.7L/h,气帘气流速 0.1L/h,碰撞气压力为 1.5mtorr,监测离子信息如表 2-23。

表 2-23　监测离子信息表

化合物	母离子(m/z)	子离子(m/z)	碰撞电压/V
环氧嘧磺隆	407.1	150.0* 107.0	29 40
噻吩磺隆	388.1	167.0* 205.1	16 24
醚苯磺隆	402.1	167.1* 141.1	16 19
烟嘧磺隆	411.1	182.1* 213.0	20 15
甲磺隆	382.1	167.0* 199.0	15 21
甲嘧磺隆	365.1	107.0* 150.0	41 16
氯磺隆	358.0	167.0* 141.0	17 18
胺苯磺隆	411.1	196.1* 168.1	16 29
苄嘧磺隆	411.1	149.0* 182.1	21 18
氟磺隆	420.1	141.0* 167.1	18 17
氯嘧磺隆	415.0	185.1* 186.1	24 19
氟嘧磺隆	469.0	254.1* 199.1	18 19
吡嘧磺隆	415.1	182.1* 139.1	20 37

注：* 为定量离子。

5. 定量检测结果

按照外标法，以浓度由小到大的顺序，依次分析基质混合标准溶液，得到浓度与峰面积的工作曲线，确保样品溶液中分析物的响应值在工作曲线范围内，试样中分析物的残留含量，按照下式计算：

$$W = \frac{cV}{mKf}$$

式中　W——试样中分析物的含量，$\mu g/kg$；

c——从工作曲线上得到的样液中分析物的质量浓度，$\mu g/L$；

V——样液最终定容体积，mL；

m——试样质量，g；

K——将土样换算至烘干的水分换算系数；

f——净化液与提取液的体积比。

计算说明，由于新鲜土壤含有一定量的水分，故在测定之前应先测定土壤的水分，一般于 105℃±2℃ 的烘箱中烘烤 12h 后在干燥箱中冷却后称重，计算土壤中水分的含量 a，再计算土样换算至烘干的水分换算系数 K（$K=1-a$）。

6. 应用特点

本方法充分利用磺酰脲类除草剂的特性，通过缓冲液的 pH 调节使目标化合物的存在形式发生改变，进而利用极性差异用碱性缓冲液和甲醇的混合溶液从土壤中提取磺酰脲类化合物，然后又改变 pH，使目标物的极性适于 HLB 固相萃取柱的净化过程，最终完成磺酰脲类化合物的前处理。这一应用体现了前处理过程中每一步操作与物质本身结构特性的密切关系，极具典型性。

（三）水中痕量爆炸物的测定

1. 背景简介

军事行动和可能的生态破坏都能够导致爆炸物进入周边环境，由于它们对人体有急性和慢性毒性作用，所以环境中爆炸物的检测受到了很多关注。例如，目前在军事生产和工业爆破中应用广泛的三硝基甲苯类爆炸物就是一类高度有毒的致癌物，其在生产和运输过程中，很容易渗透到土壤和地下水中。而研究表明，2,4,6-TNT 会导致成年牛蛙产生急性毒性，人类吸入或摄入此类化合物，会导致肝脏病变、再生障碍性贫血和白内障等疾病，严重时会导致死亡。因此，研究痕量爆炸物对环境尤其是环境水的影响至关重要，同时这也是预防潜在环境问题的重要途径。

2. 方法的选择

硝基苯类化合物及过氧化物、重氮盐化合物是爆炸物的常见类别，当前应用最广泛的主要是三硝基苯类化合物、二硝基苯类化合物及硝酸铵类物质。检测上述爆炸物的方法主要有比色法、电化学法、荧光猝灭法、表面等离子共振光谱法、气相色谱法、液相色谱法及 GC-MS、LC-MS/MS 等。前四种方法都是利用纳米颗粒或经修饰的纳米晶及抗原抗体等与上述爆炸物的氨基官能团或有机胺结构发生作用的特点进行检测，灵敏度较高，操作较为简单，但容易被其他含有类似基团的物质干扰，易出现假阳性。气相色谱法和液相色谱法分离物质的能力出色，因此 EPA 方法 8330B 就以 LC-UV 检测 17 种爆炸物，但定性能力较差。随着质谱仪器的普及，色谱-质谱联用仪器成为爆炸物检测的重要手段。从分析样品的状态出发，水中爆炸物的检测以 LC-MS/MS 法检测较好。

将 EPA 方法 8330B 改进为质谱检测方法，采用固相萃取，并结合三重四极杆液质联用系统，开发了爆炸物的检测方法，并且测定了 11 种爆炸物的检测限（LOD），测试浓度范围是 5～50ng/L，回收率 80％～101％。

3. 提取方法

取 100mL 水样，用聚合物柱或 Bond Elut C$_{18}$ 柱对样品进行富集浓缩（可以用自动化固相萃取装置）。固相萃取柱先用 5mL 甲醇然后用 5mL 水平衡。上样时，速度控制在 10mL/min，最后用流速为 1mL/min 的 5mL 甲醇进行洗脱。于 45℃水浴条件下，利用氮吹浓缩仪将甲醇浓缩至 0.5mL，然后注入到高效液相色谱串联质谱系统中进行分析。

4. 仪器检测方法

（1）液相色谱条件 采用 Agilent Zorbax C$_{18}$ 色谱柱（1.8μm，50mm×2.1mm）；流动相 A 为乙腈，流动相 B 为 0.1％乙酸水溶液。采用梯度洗脱方式，洗脱程序为：0～1.7min，流动相 B 保持 80％；1.7～10min，流动相 B 由 80％变为 0％；10～10.3min，流动相 B 保持 0％；10.3～14min 为后运行时间。流速为 400μL/min；柱温为 25℃；进样体积为 100μL。

（2）质谱条件 大气压化学电离（APCI）离子源，负离子检测，多反应监测（MRM）扫描；干燥气温度为 350℃，雾化气为 30psi；毛细管电压为 1500V；气化器温度为 275℃；干燥气流速为 4L/min。监测离子对信息如表 2-24 所示。

注意事项：由于目标物中某些物质热不稳定，故在分析时气化器的温度不宜过高，不同的仪器需要注意优化。

表 2-24 大气压化学电离（负模式）条件下 11 种爆炸物组分的 MRM 参数

化合物	母离子(m/z)	子离子(m/z)	碰撞电压/V	碰撞能量/eV
1,3,5-TNB 1,3,5-三硝基苯	213	183 95	70 70	5 20
1,3-DNB 1,3-二硝基苯	168	138 46	50 50	5 5
2,4,6-TNT 2,4,6-三硝基甲苯	226	196 46	90 90	5 20
2,4-DNT 2,4-二硝基甲苯	181	135 46	90 90	20 20
2,6-DNT 2,6-二硝基甲苯	182	152 46	50 50	20 10
2-Am-DNT 2-氨基-4,6-二硝基甲苯	196	136 46	90 90	20 20
3,5-DNA 3,5-二硝基甲苯	182	152 46	90 90	10 20

化合物	母离子(m/z)	子离子(m/z)	碰撞电压/V	碰撞能量/eV
4-Am-DNT 4-氨基-2,6-二硝基甲苯	196	119 46	90 90	10 20
HMX 八氢-1,3,5,7-四硝基-1,3,5,7-奥克托今	355	147 46	50 50	5 10
RDX 六氢-1,3,5-三硝基-1,3,5-三嗪	281	59 46	50 50	10 20
Tetryl 甲基-2,4,6-三硝基苯硝胺	241	213 196	70 70	0 10

采用上述色谱和质谱条件分别对标准系列溶液、试样溶液和空白试验溶液进样检测。

5. 结果的准确度和精密度

按照三水平（0.04ng/mg、0.1ng/mg、0.8ng/mg）6平行进行准确度和精密度的评价，以氘代睾酮作内标测得响应值。经计算得到提取回收率均大于50%，日内和日间 RSD 均小于20%。

6. 应用特点

本应用采用三重四极杆液-质联用仪在大气压化学电离源、负离子化模式条件下分析水中的11种痕量爆炸物。通过爆炸物结构的分析，选择了大气压化学电离的负模式进行检测，比电喷雾电离的负模式更加灵敏。此外，为了保证目标物在离子源的稳定，适当降低了气化温度。研究表明，含有多个硝基基团的化合物可以在 APCI 负模式下通过丢失一个质子形成偶数电子离子或捕获一个电子形成奇数电子离子的方式实现离子化，但含有两个以下硝基的化合物，无法通过这种方式离子化。

（四）水、土壤中药物和个人护理用品的检测

1. 背景介绍

在过去的50多年中，有关有毒污染物的研究主要集中在工业化学物质和农药上。但是近15年来，国内外学者已经开始关注药品和个人护理用品（PPCP）对环境的污染。PPCP 是药品和个人护理用品的英文（pharmaceuticals and personal care products）缩写，最早在1999年出版的《Environmental Health Perspectives》中由 Christian G. Daughton 提出，随后 PPCP 就作为药品和个人护理用品的专有名词而被广泛接受。PPCP 包括各种各样的化学物质，例如各种处方药和非处方药（如抗生素、类固醇、消炎药、镇静剂、抗癫痫药、显影剂、止痛药、降压药、避孕药、催眠药、减肥药等）、香料、化妆品、遮光剂、染发剂、发胶、香皂、洗发水等。大多数 PPCP 是水溶性的，有的 PPCP 还带有酸性或者碱性的官能团。目前的研究表明，上述与人类生活密切相关

的 PPCP 在环境中普遍存在，总数达 12000 多种，一般认为粪便施肥和污水排放是 PPCP 进入环境的主要途径。在常见的 PPCP 中，抗生素和消炎止痛药在环境中检测出的频率最高，在地表水、地下水、饮用水、污泥、土壤等环境介质中，PPCP 在地表水中检测出的频率最高。

尽管 PPCP 在环境中含量很低，多数情况下在 ng/L 至 μg/L 水平，但是并不能排除长期的危害情况。如来源于香料中的人工合成麝香物质已在海水和淡水中广泛存在，并且在软体动物和鱼类中积累的浓度高于环境浓度，该物质目前还不能确定排除长期的致癌效果；而环丙沙星、氧氟沙星、甲硝唑等不能被生物降解的抗生素作为环境外援性化合物可能对环境生物及生态产生影响并最终对人类健康和生存造成不利影响；而部分人工合成的雌激素（如己烯雌酚、炔雌醚等）无法经普通的水处理方法去除，其对雄性生殖系统有不良影响，有扰乱内分泌的作用。因此，加强水及土壤中 PPCP 的检测对于监控环境的变化及防止人类可能受到的健康危害具有重要的意义。

2. 方法的选择

PPCP 的检测涉及不同类别的多种化合物，且大多溶于水，故采用既可定性又能定量，并且对色谱分离要求并不苛刻的 LC-MS/MS 法较为合适。而美国 EPA 于 2007 年 12 月发布的 EPA 方法 1694 就采用了液质联用法。本应用在 EPA 方法 1694 的基础上进行了改进，根据不同药物的极性和提取方式，使用了 4 种不同的色谱梯度和液相色谱条件。应用了正、负两种模式的电喷雾电离和两种裂解转变的多反应监测分析。

3. 提取方法

取 1L 水样，用 500mg HLB 柱吸附提取，待上样完毕，以空气流吹干 10min，用 8mL 甲醇洗脱，旋蒸或氮吹浓缩至 1mL，待测。

基质加标样以实际收集的工业废水为基础制备，含 0.1～500ng/mL 不同药物的混合标准。

4. 仪器检测方法

（1）液相色谱条件　依据 PPCP 的化合物类别，大致分成四组进行液相分析。

第一组，采用 Agilent ZORBAX Eclipse Plus C_{18} 色谱柱（2.1mm × 100mm，3.5μm）；柱温为 25℃；流动相 A 为乙腈，流动相 B 为 0.1％甲酸水溶液。梯度洗脱程序为：0～5min，流动相 A 保持 10％，流速 0.2mL/min；5～6min，流动相 A 保持 10％，流速增加至 0.3mL/min；6～24min，流动相 A 由 10％变为 60％，流速为 0.3mL/min；24～30min，流动相 A 由 60％变为 100％，流速为 0.3mL/min。进样量为 15μL。

第二组，采用 Agilent ZORBAX Eclipse Plus C_{18} 色谱柱（2.1mm × 100mm，3.5μm）；柱温为 25℃；流动相 A 为乙腈，流动相 B 为 0.1％甲酸水溶液。梯度洗脱程序为：0～10min，流动相 A 保持 10％；10～30min，流动相 A 由 10％变为 100％。流速为 0.2mL/min。进样量为 15μL。

　　第三组，采用 Agilent ZORBAX Eclipse Plus C$_{18}$ 色谱柱（2.1mm × 100mm，3.5μm）；柱温为 25℃；流动相 A 为甲醇，流动相 B 为 5mm 醋酸铵水溶液（pH5.5）。梯度洗脱程序为：0~0.5min，流动相 A 保持 40%；0.5~7min，流动相 A 由 40% 变为 100%。流速为 0.2mL/min。进样量为 15μL。

　　第四组，采用 Agilent ZORBAX HILIC Plus C$_{18}$ 色谱柱（2.1mm × 100mm，3.5μm）；柱温为 25℃；流动相 A 为乙腈，流动相 B 为 10mm 乙酸铵水溶液（pH6.7）。梯度洗脱程序为：0~5min，流动相 A 由 98% 变为 70%；5~12min，流动相 A 保持 70%。流速为 0.25mL/min。进样量为 15μL。

　　(2) 质谱条件　电喷雾离子源（ESI），第一、二组采用正离子扫描模式，第三、四组采用负离子扫描模式，均为多反应监测（MRM）检测，雾化器为压力 40psi，干燥气流速为 9L/min，毛细管电压为 4000V，干燥气温度为 300℃，碰撞诱导解离电压为 70~130V，碰撞能量为 5~35V。部分目标物的监测离子信息及质谱参数如表 2-25 所示。

表 2-25　部分目标物的 MRM 质谱参数

化合物	母离子(m/z)	子离子(m/z)	诱导解离电压/V	碰撞能量/eV
对乙酰氨基酚	152	111	90	15
		93	90	35
氨苄青霉素	350	160	70	10
		106	70	15
阿奇霉素	749.5	591.4	130	30
		158	130	35
头孢噻肟	456	396	90	5
		324	90	5
环丙沙星	332	314	110	20
		231	110	35
克拉霉素	748.5	158	110	25
		590	110	15
可待因	300	215	130	25
		165	130	35
可天宁	177	98	90	25
		80	90	25
苯海拉明	256	167	70	15
		152	70	35
红霉素	734.5	158	90	35
		576	90	15
萘普生	229	169	75	25
		170	75	5
华法林	312	117	90	35
		161	90	15
雷尼替丁	315	176	110	15
		130	110	25

采用上述色谱和质谱条件分别对标准系列溶液、试样溶液和空白试验溶液进样检测。

5. 应用特点

本方法对 EPA 方法 1694 进行了改进，建立水样中 75 种 PPCP 的筛查确证方法。本应用涵盖了 EPA 方法 1694 中提及 PPCP 混合物中的 65 种被分析物，原 EPA 方法中每种化合物只用一个 MRM 通道进行定量分析，本应用中则基本添加了定性离子对，确保了定性的准确性。并且本方法使用常规 C_{18} 柱和 HILIC 柱（亲水性相互作用色谱柱）对所有化合物进行分析，拓展了极性化合物的分析方法，使原本保留较差的目标物也能获得较好的峰形。

(五) 电子电气产品中多环芳烃残留量的检测

1. 背景介绍

多环芳烃（polycyclic aromatic hydrocarbons，简称 PAH）是指分子中含有 2 个或 2 个以上苯环的碳氢化合物，可分为芳香稠环型及芳香非稠环型。芳香稠环型是指分子中相邻的苯环至少有两个共用的碳原子的碳氢化合物，如萘、蒽、菲、芘等；芳香非稠环型是指分子中相邻的苯环之间只有一个碳原子相连化合物，如联苯、三联苯等。PAH 是煤、石油、木材、烟草、有机高分子化合物等有机物不完全燃烧时产生的挥发性碳氢化合物，是重要的环境和食品污染物。迄今已发现有 200 多种 PAH，其中有相当部分具有致癌性，如苯并芘、苯并蒽等。PAH 广泛分布于环境中，可以在我们生活的每一个角落发现。多环芳烃引起的环境污染越来越引起人们的重视，它已成为世界许多国家的优先监测物。1976 年 EPA 列出了 16 项 PAH 为优先控制污染物。1990 年我国提出的 68 种水体优先控制污染物中有 7 种属于 PAH。

自 2005 年在德国发现铁锤手柄中含有大量的 PAH 后，含 PAH 的产品也引起了大众的关注，此后，又不断有此类案例发生。2007 年 11 月德国 ZEK-01-08 号文件对 PAH 作出要求，要求在 GS 标志认证中强制加入 PAH 测试。该规定已经于 2008 年 4 月 1 日生效，生效之日起不能通过 PAH 测试的产品将无法顺利进入德国。而欧盟、美国等也都对不同产品中的 PAH 含量作了相应规定。含聚合物材料的电子电气类产品也属于检测的重点。我国于 2013 年颁布了 GB/T 29784 系列标准，对电子电气产品聚合物材料中的多环芳烃进行检测。

2. 方法的选择

PAH 的检测方法很多，GB/T 29784 中包括了 4 种方法，分别是高效液相色谱法、气相色谱-质谱法、液相色谱-质谱法和气相色谱法。气相色谱具有高选择性、高分辨率和高灵敏度的特性，而且由于多环芳烃的热稳定性，用质谱（如 EI 源）作为检测器时，能够得到大的分子离子峰和很少的碎片离子，所以用 GC-MS 测定时能够得到很高的灵敏度，与 GC-FID 相比，GC-MS 在定性方面更准确。相对于气相色谱，液相色谱可以更好地测定低挥发性的多环芳烃，并能够有效分离多环芳烃的同分异构体。在分离复杂的 PAH 母体化合物及样品净化方面有着相当的优势。近年来，液相色谱串联质谱法也逐渐应用于 PAH 的检测中。采用常规的 ESI 等离子源进行分析时，由于多数 PAH 特殊的稠环结构，没有可供进行电离反应的侧链基团一直是液质法分析 PAH 的瓶颈，但大气压光电电离源（APPI）为 PAH 的检测提供了新的研究思路。GB/T 29784 标准制定者殷居易等采用液相色谱-APPI 源质谱法对电子电气产品中 16 种多环芳烃的残留量检测进行了研究。

该方法通过甲醇提取经粉碎后样品中的目标物，以 C_{18} 固相萃取柱净化，液相色谱分离，大气压光电电离源离子化电离串联质谱进行检测，采用多反应检测模式同时测定 16 种多环芳烃，方法的定量限为 $0.1 \sim 0.2 \mu g/g$。

3. 提取方法

称取粉碎后的试样 0.5g 于 100mL 具塞容量瓶中，加入 40mL 甲醇，振荡 5min，然后再超声提取 15min，转入 150mL 旋蒸瓶中；用 20mL 甲醇对残渣重复提取一次。合并两次提取液，在 40℃水浴中旋转浓缩至约 $1 \sim 2mL$，然后将浓缩液转移至 10mL 玻璃试管中，用 5mL 甲醇润洗旋蒸瓶，合并润洗液于玻璃试管中，待净化。

用 5mL 水、5mL 甲醇活化 C_{18} SPE 柱，将浓缩液上样并全部收集流出液，于 40℃水浴中用氮气吹干，并用乙腈定容至 $100 \mu L$，供液相色谱串联质谱检测。

4. 仪器检测方法

（1）液相色谱条件　采用 waters PAH C_{18} 色谱柱（4.6mm×250mm，5μm），流动相为乙腈（A）和水（B）。梯度变化如下：0~8min，A 保持 50%；8~28min，A 由 50%变为 100%；28~48min，A 保持 100%；48~49min，A 由 100%变为 50%，并保持 5min。柱温为 30℃，流速为 1mL/min，进样量为 $20\mu L$。

（2）质谱条件　采用正离子扫描方式，APPI 源 VWD 灯保护氮气流速为 4L/min，电喷雾电压为 1450V，雾化气为 12mL/min，气帘气为 9mL/min，离子源温度为 450℃。碰撞池出口电压、入口电压和去簇电压优化至最佳，离子驻留时间为 50ms。目标物的检测参数如表 2-26 所示。

表 2-26　16 种多环芳烃的检测参数

序号	化合物	检测离子(m/z)	保留时间/min
1	萘	128	1037
2	苊烯	152	12.55
3	苊	154	15.28
4	芴	166	16.17
5	菲	178	17.78
6	蒽	178	19.55
7	荧蒽	202	20.97

续表

序号	化合物	检测离子（m/z）	保留时间/min
8	芘	202	22.07
9	苯并[a]蒽	228	25.95
10	䓛	228	27.04
11	苯并[b]荧蒽	252	29.51
12	苯并[k]荧蒽	252	31.02
13	苯并[a]芘	252	32.13
14	茚苯[$1,2,3$-cd]芘	276	35.06
15	二苯并[a,n]蒽	276	36.76
16	苯并[g,h,i]苝（二萘嵌苯）	278	34.26

采用上述色谱和质谱条件分别对标准系列溶液、试样溶液和空白试验溶液进样检测（图 2-29）。

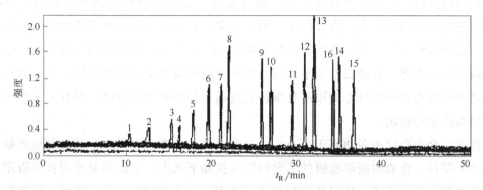

图 2-29　16 种多环芳烃的提取离子色谱图（序号对应表 2-23 中序号）

5. 应用特点

采用 APPI 源对 16 种多环芳烃进行电离，在试验中引入甲苯作为掺杂剂，由甲苯捕获紫外灯释放的光子能量，使甲苯在能量传递过程中电离，继而让多环芳烃的稠环获得甲苯分子上的正电荷，从而实现目标物的离子化。即检测过程包括溶液中电子及能量转移过程和目标物中电子及能量转移过程两个过程

本方法的难点在于稠环化合物的电离，ESI 和 APCI 源对于该类化合物的效果不佳，总离子流强度低；而采用 APPI 时，各物质出峰良好。方法整体简明、可靠，克服了 HPLC-APPI-MS/MS 分析甾体类化合物难以离子化的局限性。

四、液相色谱-质谱联用技术在兴奋剂检测领域的应用

（一）人体毛发中合成类固醇类药物的测定

1. 背景简介

合成类固醇（anabolic steriods）即蛋白同化雄性类固醇（anabolic androgenic steroids），是一种人工合成的结构及生物活性与内源性雄性激素睾酮（testosterone）相似的化学物质。正常人体内的雄性激素一般具有产生精子，刺激生殖器官的生长发育，促进男性副性征的出现并维持其正常状态，促进蛋白质（特别是肌肉和生殖器官的蛋白质）、肌酸磷酸、肌糖原的合成，促进骨骼生长与钙磷沉积和红细胞生成等作用。合成类固醇通常为内源性雄激素的衍生物，但其同化作用比睾酮强 8～50 倍，因此在医学上被用来治疗男性性腺功能减退，促进拖延的青春期及成长，治疗贫血症、肝和肾衰竭、遗传性血管性水肿等疾病。

但由于合成类固醇类物质优异的蛋白同化性能可以直接促进运动成绩的提高，在竞技体育领域，该类药物的滥用日益严重。运动员为了增加肌肉蛋白质，在大负荷运动时，大剂量地服用合成类固醇，同时配合高蛋白饮食，用药量通常为临床剂量的几十倍甚至几百倍，而且用药时间长。然而，研究表明，长期大量滥用合成类固醇会严重影响运动员的身心健康。具体表现为：成年男性多次服用可导致阳痿、睾丸萎缩、精子减少、肾功能障碍、秃顶、前列腺肥大、前列腺炎；成年女性则会出现男性化、月经失调、体毛增生、阴蒂肥大、声音低哑。不论男女，长期服用均会出现精神依赖的成瘾症状，并会导致肝功能下降、血清谷丙转氨酶（GPT）上升，有可能诱发肝肿瘤，还可引起血清胆固醇升高、甘油三酯水平升高、血压升高和高密度脂蛋白水平下降。因此，不论是出于保障运动员的身心健康还是维护竞技运动公平竞争的原则，都有必要禁止合成类固醇类药物的滥用。

目前，合成类固醇药物属于兴奋剂中最重要的一大类，在体育比赛及赛场外抽查中均属必检项目。合成类固醇检测的主要问题包括如下几点：①运动员采用长期服用，赛前一段时间停药的模式，使得其在体内水平很低，一般在 10ng/mL 以下；②药物代谢后以葡萄糖醛酸或硫酸酯形式存在，易于水解；③基于药物组合化学的针对性药物设计使合成类固醇的检测更加困难，如诺龙经过改造变为乙基羟基二降孕三烯炔酮（gestrione），再经过修饰变成四氢乙基羟基二降孕三烯炔酮（THG），经过分子桥的改变，在相应时间内不能检出。因此，面对检测方法在时间上的滞后以及检测结果的不确定，需要人们在合成类固醇的兴奋剂检测研究上进行更深入的探索。

2. 方法的选择

目前，可以用来检测合成类固醇类药物的方法有气相色谱-质谱联用（GC/MS），放射性免疫检测（RIA）筛选、气相色谱-高分辨质谱检测以及液相色谱串联质谱法等。其中以 RIA 筛选，GC/MS 的选择离子扫描模式是 1984 年洛杉矶奥运会确立的类固醇类药物的检验方法。但 2000 年以来，以孕三烯酮为底物合成的新化合物四氢孕三烯炔酮（tetrahydrogestrinone，THG）等已成为竞技体育中应用最广泛的合成类固醇药物，而 THG、孕三烯酮（gestrinone）、群勃龙（trenbolone）等均属于极性较强、常规 GC/MS 检测灵敏度较低的化合物，在兴奋剂检测中往往需采用羰基保护的方法进行 GC/MS 分析，才能获得较高灵敏度的检测结果。因此，采用目标物适用范围更广的液相色谱串联质谱法对尿液及血液中合成类固醇类药物进行检测已逐渐引起众多学者的关注。如秦旸等采用 LC-MS/MS 法对尿液中 3 种合成类固醇类药物的含量进行了检测，安丽媛等则建立了人体毛发中类固醇类兴奋剂的 LC-MS/MS 法。

采用 LC-MS/MS 法进行检测时，步骤较 GC/MS 更为简洁，通常用 β-葡萄糖醛酸酶、酸、碱和高温的方式水解样品，然后以叔丁基甲醚、乙醚等提取目标物，经一定的净化过程后即可检测，一般采用内标法定量。

3. 提取方法

毛发依次用洗洁精、蒸馏水、丙酮超声洗涤，晾干后剪碎，备用。

准确称取头发 50mg，加入 2mL 的 Tris·HCl 缓冲液（pH=8.08），100μL 蛋白酶 K 和 100μL 二硫苏糖醇，并加入 5μL 的 d_3-睾酮溶液（10ng/μL）作内标，涡旋混匀，55℃ 水浴中水解 2h，加入 4mL 正戊烷/乙醚（体积比 9∶1），振荡 35min，离心 10min （3000g），冷冻，将有机相置于离心管中。将下层融化后，加入 1mL 磷酸缓冲液（pH= 10.3）、5μL 的 d_3-睾酮溶液（10ng/μL）作内标，再加入 4mL 三氯甲烷/异丙醇（体积比 9∶1）振荡 35min，离心 10min（3000g），取上层液体后，将这两次的有机相混合吹干。加入 1mL 甲醇、1mL pH3.5 甲酸/甲酸铵缓冲溶液和 2mL 正己烷振荡 10min，离心 5min （3000g），弃去上层正己烷，下层液体于 40℃ 下氮气流吹干，用 200μL 流动相混合液复溶。

4. 仪器检测方法

（1）液相色谱条件 采用 Agilent Zorbax XDB-C$_{18}$ 色谱柱（3.5μm，50mm × 2.1mm）；流动相采用 pH3.5 的甲酸-甲酸铵缓冲液（A）和甲醇（B）。进行梯度洗脱，洗脱程序为：0～2min，流动相 B 保持 10%；2～3min，流动相 B 由 10% 变为 25%；3～8min，流动相 B 保持 25%；8～9min，流动相 B 由 25% 变为 75%；9～14min，流动相 B 保持 75%；14～15min，流动相 B 由 75% 变为 90%；15～19min，流动相 B 保持 90%；19～22min，流动相 B 由 90% 变为 95%；22～27min，流动相 B 保持 95%。流速为 200μL/min；柱温为 40℃；进样体积为 10μL。

（2）质谱条件 电喷雾（ESI）离子源，正离子检测，多反应监测（MRM）扫描；雾化气为 35psi；毛细管电压为 5000V；离子源温度（TEM）为 330℃；干燥气流速为 10L/min。监测离子对信息如表 2-27 所示。

表 2-27 12 种类固醇药物的 MRM 参数

化合物	母离子(m/z)	子离子(m/z)	聚集电压/V	碰撞电压/V
司坦唑醇	329.4	81.1 95.1	160	54 46
氟甲睾酮	337.2	281.2 241.2	170	20 24
宝丹酮	287.3	121.1 135.1	100	24 10

化合物	母离子(m/z)	子离子(m/z)	聚集电压/V	碰撞电压/V
表氢雄龙	307.4	229.0 135.2	80	16 22
诺龙	275.3	109.2 83.2	150	26 34
美曲勃龙	285.2	227.2 199.0	150	10 25
大力补	301.3	121.2 149.2	100	26 10
甲基睾酮	303.2	97.2 109.2	150	32 30
勃拉睾酮	317.3	97.1 122.9	150	25 30
脱氢氯甲基睾酮	335.3	155.1 149.2	100	30 14
美睾酮	305.3	229.5 269.4	150	20 14
17α-群勃龙	271.3	253.2 199.1	130	20 24

采用上述色谱和质谱条件分别对标准系列溶液、试样溶液和空白试验溶液进样检测。

5. 结果的准确度和精密度

按照三水平（0.04ng/mg、0.1ng/mg、0.8ng/mg）6平行进行准确度和精密度的评价，以氘代睾酮作内标测得响应值。经计算得到提取回收率均大于 50%，日内和日间 RSD 均小于 20%。

6. 应用特点

本方法采用 LC-MS/MS 对毛发中合成类固醇类药物进行检测，对现行的兴奋剂检测体系而言是一种有益补充。不少药物在体内代谢较快，但在头发中则可以长期而稳定存在，如克伦特罗等，因此，不少学者建议将头发分析作为检测长期用药状况的手段，而且药物在头发中多以原型状态存在，所以通过头发中类固醇酯类的检测还可以判断药物的来源。

此外，LC-MS/MS 检测时无需进行衍生化，简单、省时，在保证灵敏度的情况下还可以达到在目标范围内对未知化合物进行筛选的目的。LC-MS/MS 由于高分离效能、高选择性和高灵敏度，尤其适用于头发中药物浓度低（pg/mg 水平）、基质复杂的案例。能测定毛发中类固醇类兴奋剂的 LC-MS/MS 方法，与文献报道的毛发中的测定方法相比较，灵敏度高、选择性强、目标范围广，最低检测限达 0.1~20pg/mg，可满足日常检测要求。

（二）尿液中利尿剂的检测

1. 背景介绍

利尿剂的代表性物质包括乙酰唑胺、阿米洛利、布美他尼、坎利酮、呋塞米、噻嗪类等，其作用是促进肾脏的排尿功能，增加尿的排泄量，促使积聚在皮下和腹腔中多余的水分在短时间内大量排出。不同利尿剂的作用部位和机理各不相同：如氯噻嗪（chlorothiazide）和氯噻酮（chlorthalidone）属于噻嗪类（thiazide）药物，其作用在肾脏的远曲小管，抑制钠的重吸收，这样钠被排出去了，水也就跟着排出去了；而普坦类（vaptans）药物是近年来出现的一类选择性非肽类精氨酸加压素（AVP）拮抗剂类药物，通过与肾脏集合管上的 AVP 竞争性结合 V_2 受体，从而抑制肾脏集合管对体内多余水分的重吸收，起到排水利尿作用，且不增加电解质的排泄。利尿剂在临床中为治疗高血压和水肿的药物，可有效治疗由肝硬化引发的低钠血症、抗利尿激素分泌失调、多囊肾和心功能衰竭等疾病。

然而，由于在体育比赛中涉及重量级别的项目（如举重、拳击等）上，利尿剂能够使运动员迅速降低体重，从而参加轻一级别的比赛，间接提高了运动竞争能力，并且可用来稀释其他禁用药物的浓度而起到掩蔽剂的作用，因此国际奥委会很早就将利尿剂作为兴奋剂的一个类别加以检测。近年来世界反兴奋剂组织要求运动员在比赛及赛外抽查中均必须检查利尿剂项目。

事实上，目前在临床上所用的利尿剂都有一定的不良反应，可引起电解质紊乱，常见的有低钠、低钾和低镁血症，少数患者还可出现代谢异常，如血脂、血糖、尿酸增高及血黏度增高。如运动员大剂量使用利尿剂，可能导致体内电解质过度流失，破坏体内的电解质平衡。更为严重的是，强利尿剂还可能引起暂时性或永久性耳聋，或因导致心律不齐或心肌缺血甚至心力衰竭而危及生命。因此，对竞技体育领域中运动员尿样中的利尿剂进行检测既可以维护竞技公平，也可以保障运动员的健康。

2. 方法的选择

针对利尿剂的检测，常用的方法主要有 HPLC 法、GC-MS 法和 LC-MS/MS 法。早期，利尿剂的检测均采用 HPLC 法，该法适用于绝大多数利尿剂，且操作简单，但由于检测灵敏度低，只能作为初筛方法，因此，既可用于筛选又可进行确证的 GC-MS 一度取代了 HPLC 成为各国针对利尿剂类兴奋剂检测的主要方法。利尿剂大多极性较强，故 GC-MS 法检测时必须对目标物进行衍生化处理，而由于利尿剂普遍均含有磺氨基团，硅烷化的衍生产物不稳定，所以常采用甲基化的方式进行衍生，步骤相对较为烦琐，且部分利尿剂如安体舒通、烯睾丙内酯无法甲基化衍生。因此，近年来，操作简单、前处理方法简单快捷、灵敏度高、准确度和精密度好、几乎适用于所有利尿剂类别检测的 LC-MS/MS 法更受学者们的关注。

3. 提取方法

取 1mL 尿液样本，置 10mL 玻璃试管中，加入 1mL 含内标（mefruside，100ng/

mL）的 5％乙酸铅水溶液。在涡旋混合器上振荡 0.5min，以 3000r/min 离心 10min，取 500μL 上清液至进样瓶，待 LC-MS/MS 测定。

4. 仪器检测方法

（1）液相色谱条件 采用 Agilent Eclipse XDB-C$_{18}$ 色谱柱（2.1mm×100mm，3.5μm）；柱温为 40℃；流动相 A 为 10mmol/L 的甲酸铵水溶液（用甲酸调至 pH＝3.5），流动相 B 为乙腈。梯度洗脱程序为：0～10min，流动相 A 由 90％变为 10％；10～12min，流动相 A 保持 10％。流速为 0.5mL/min，柱平衡时间为 5min，进样量为 5μL；柱温 40℃。

（2）质谱条件 电喷雾离子源（ESI），正离子扫描模式，采用多反应监测（MRM）检测，电喷雾毛细管电压为 0.5KV，离子源温度为 150℃，去溶剂气体（氮气）的温度 330℃，去溶剂气体流速为 10mL/min，去溶剂气体压力 35psi。三种普坦类利尿剂的监测离子信息及质谱参数如表 2-28 所示。

表 2-28 三种普坦类利尿剂的 MRM 质谱参数

化合物	母离子(m/z)	子离子(m/z)	加速电压/V	碰撞能量/eV
托伐普坦	449	431	150	10
		252	150	15
考尼伐坦	499	300	200	25
		181	200	45
利希普坦	475	396	150	15
		290	150	20

采用上述色谱和质谱条件分别对标准系列溶液、试样溶液和空白试验溶液进样检测（图 2-30）。

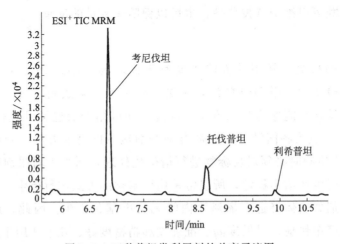

图 2-30 三种普坦类利尿剂的总离子流图

5. 方法的线性范围及检测限

以空白尿样中添加标准溶液制备基质标准曲线，托伐普坦、考尼伐坦和利希普坦的线性范围分别为 45～3000ng/mL、3～2000ng/mL 和 6～400ng/mL，相关系数均大于 0.99，定量检测限分别为 45ng/mL、3ng/mL 和 6ng/mL。

6. 应用特点

本方法应用高效液相色谱串联质谱在 ESI 正离子模式下检测 WADA 禁用清单中 3 种普坦类利尿剂。通常对于兴奋剂尿样检测中以原型存在的药物，采用酸提和/或碱提的方式进行前处理，成本较高，毒性大，耗时长，而且也无法满足样品高通量、快速的检测要求。本应用简化了前处理程序，用等体积的 5％乙酸铅水溶液沉淀尿样中的蛋白质并离心后，上清液可直接上机进行检测，提高了方法的易用性和高通量检测能力。

（三）人尿中 40 种兴奋剂的筛查检测

1. 背景介绍

国际运动医学会于 1964 年对运动员使用兴奋剂的概念进行了定义，即参加竞赛的运动员使用任何异体物质，或以不正常的量和不正常的进入机体的途径使用生理物质，试图人为地以不正当方式提高其竞赛成绩的行为。事实上，兴奋剂对运动员的身体和心理都有严重的伤害。在体育竞技比赛中使用兴奋剂是一种不道德行为，不仅不符合诚实和公平竞争的体育道德，也是对运动员誓言的背叛和对奥林匹克宪章的亵渎。因此，对兴奋剂的检测研究始终是反兴奋剂工作的重点之一。

世界反兴奋剂机构（以下简称"WADA"）每一年度都会颁布即时的《禁用清单》，涵盖的禁用物质包括 12 大类，禁用物质原型总数超过 200 个。实际工作中除检测禁用物质外，还要求检测其各级代谢物和相关化合物及其代谢物，整个实验室需定性检出的化合物总数超过 400 个，这就要求实验室的初筛应尽可能用一种方法同时定性检出较多的药物。

2. 方法选择

多残留检测方法最早一般采用 GC-MS 法，在兴奋剂检测领域也是如此，但由于气质法对于极性较大的物质必须采用衍生化步骤，往往较为烦琐，不利于高通量的快速筛查，且近年来 WADA 的技术文件对各类禁用物质的最低检测浓度要求（MRPL）有了很大的提高，有些物质的检测要求甚至是原要求的 1/10，原 GC-MS 法不能完全适应新的检测需求。所以，越来越多的实验室开始采用液相色谱-质谱联用技术进行多类别兴奋剂类物质的检测。采用 LC-MS/MS 法对 β-阻断剂、麻醉剂、刺激剂和 β-激动剂等 4 个类别共 40 种兴奋剂进行了筛查检测，运用酸水解-液液萃取及直接液液萃取相结合的方法对尿样进行前处理，液质法检测，内标法定量 40 种药物的检出限范围分布在 0.1～10ng/mL。

3. 提取方法

首先取尿样 3mL，加 10μL 内标甲醇溶液（甲基睾酮 10ng/μL），加入约 50mg/L-半胱氨酸和 0.2mL 浓盐酸（约 14mol/L），100℃ 水解 30min，冷却后加 0.25mL

1.2mol/L NaOH 溶液中和，再加入约 1.5g 固体缓冲剂（$NaHCO_3/K_2CO_3$ 质量比 3/2，pH＝9.6）和 3mL 提取液（乙醚/异丙醇体积比 9/1）萃取，留取有机相备用。

再取尿样 3mL，加 $10\mu L$ 内标甲醇溶液（甲基睾酮，$10ng/\mu L$），加入约 1.5g 固体缓冲剂和 3mL 提取液萃取，留取有机相备用。

最后，合并上述两部分有机相，60℃氮气流下吹干，用初始流动相溶解定容至 $500\mu L$，待测。

4. 仪器检测方法

（1）液相色谱分离条件　Agilent Zorbax XDB-C_{18} 色谱柱（2.1mm×50mm，$3.5\mu m$）；柱温40℃；流动相 A 为 pH3.5 的甲酸胺缓冲液，流动相 B 为乙腈。采用梯度洗脱方式，梯度洗脱程序为：0～10min，流动相 A 由 90％变为 10％；10～20min，流动相 A 保持 10％。流速 0.5mL/min，柱平衡时间 5min，进样量为 $5\mu L$。

（2）质谱条件　采用电喷雾离子化方式，正离子模式，多反应离子监测。毛细管电压为 4000V，干燥器温度为 330℃；干燥器流速为 10L/min，通过离子对（母离子和两个子离子）信息和保留时间对目标物进行定性和定量。监测离子对如表 2-29 所示。

表 2-29　监测离子对信息

化合物		母离子(m/z)	子离子(m/z)	锥孔电压/V	碰撞电压/V
英文名	中文名				
acebuterol	醋丁洛尔	337	116	140	20
			72	140	20
alprenolol	阿普洛尔	250	116	120	15
			173	120	15
atenolol	阿替洛尔	267	1145	140	25
			190	140	15
betaxolol	倍他洛尔	308	116	140	20
			177	140	20
bisoprolol	比索洛尔	325	116	140	15
			107	140	40
bunolol	布诺洛尔	292	236	140	15
			201	140	20
carteolol	卡替洛尔	293	237	120	20
			202	120	20
carvedilol	卡维洛尔	407	224	140	20
			283	140	25
celiprolol	塞利洛尔	380	251	140	20
			307	140	15
esmolol	艾司洛尔	296	145	140	25
			219	140	15

续表

化合物		母离子(m/z)	子离子(m/z)	锥孔电压/V	碰撞电压/V
英文名	中文名				
labetalol	拉贝洛尔	329	311	120	10
			162	120	25
levobunolol	左旋布诺洛尔	292	236	140	15
			201	140	20
metipranolol	美替洛尔	310	191	120	20
			116	120	20
metoprolol	美托洛尔	268	116	140	15
			191	140	15
nadolol	纳多洛尔	310	254	140	15
			201	140	25
oxprenolol	氧烯洛尔	266	72	100	30
			116	100	15
propranolol	普萘洛尔	260	116	120	15
			183	120	15
pindolol	吲哚洛尔	249	116	120	15
			172	120	15
sotalol	索他洛尔	273	255	120	8
			213	120	18
timolol	噻吗洛尔	317	261	140	15
			244	140	20
buprenorphine	丁丙诺啡	468	468	140	0
			414	140	40
dextromoramide	右吗拉胺	393	306	140	20
			236	140	45
fentanyl	芬太尼	337	105	140	40
			188	140	20
hydromophone	氢化吗啡酮	286	185	140	30
			199	140	20
methadone	美沙酮	310	265	120	12
			105	120	30
morphine	吗啡	286	201	140	25
			229	140	25
oxycodone	氧可酮	316	298	100	15
			241	100	30
oxymorphone	羟吗啡酮	302	284	100	15
			227	100	30
pentazocine	喷他佐辛	286	218	100	20
			175	100	25

续表

化合物		母离子(m/z)	子离子(m/z)	锥孔电压/V	碰撞电压/V
英文名	中文名				
pethidine	哌替啶	286	220	100	20
			174	100	20
benzoylecgonine	苯甲酰爱康宁	290	82	140	35
			105	140	35
cocaine	可卡因	304	182	140	15
			82	140	30
ethamivan	香草二乙胺	224	151	120	15
			123	120	25
etilefrine	乙苯呋林	182	164	100	5
			135	100	20
pholedrine	甲羟苯丙胺	166	107	80	20
			135	80	5
oxilofrine	奥洛福林	182	164	60	5
			149	60	20
p-OH amphetamine	对羟基苯丙胺	152	135	60	5
			107	60	15
bambuterol	班布特罗	368	294	140	15
			312	140	10
fenoterol	非诺特罗	304	135	100	15
			286	100	10
terbutaline	特布他林	226	152	100	15
			170	100	8

采用上述色谱和质谱条件分别对标准系列溶液、试样溶液和空白试验溶液进样检测。

5. 应用特点

本筛选方法可检测多类别兴奋剂药物的，包括麻醉剂、β-阻断剂、β-激动剂和刺激剂等 4 类共 40 种药物。由于不同类别药物在体内代谢和存在的形式差异很大，因此在提取方法上需要综合考虑不同类别物质的特性。麻醉剂、刺激剂和 β-阻断剂在尿中均以葡萄糖醛酸苷结合的形式存在，β-激动剂则以硫酸酯结合形式存在，上述结合形式的物质采用酸水解或酶水解都可以获得游离的目标物。通常条件下，酶水解的过程较为温和，但成本较高，而酸水解相对成本较低。但由于酸性条件下，某些化合物如 timolol、esmolol 等会出现降解，从而影响最终的筛选结果。因此，采用另取一份尿样直接提取后与水解后的样品提取液合并的方法，兼顾了所有涉及的物质，筛查结果全面而完整。与原有的气相色谱-质谱联用方法比较，具有以下优势：①灵敏度大幅提高，完全满足了 WADA 最新的最低检测要求（MRPL）；②无需进行衍生化，前处理方法简化，时间缩短了 1h 以上，降低了工作量，降低了工作人员因为接触衍生化试剂而面临的潜在健康威胁；③对每一个样品而言，仪器分析时间缩短了 10min，这对兴奋剂检测工作的时效性十分重要；④方法选择性好，无干扰，结果一目了然，降低了结果处理的工作强度。

(四) 人尿中吗啡、可待因的兴奋剂检测

1. 背景介绍

吗啡是临床应用较为广泛的麻醉镇痛剂，在竞技体育领域是一种被明确禁止使用的阿片生物碱类兴奋剂。吗啡在人体内代谢途径主要是经由肝脏与葡萄糖醛酸结合为 $3-\beta$-D-葡萄糖醛酸吗啡（M3G）和 $6-\beta$-D-葡萄糖醛酸吗啡（M6G），而尿中游离吗啡、硫酸酯结合吗啡、M3G 和 M6G 都有排泄，其中 M3G 约占 60%～75%，其次是 M6G，约占总排泄量的 33%，游离吗啡在尿中只占总排泄量的 2%～18%。WADA 明确规定尿中吗啡含量的阈值浓度为 $1.0\mu g/mL$，同时还规定除非可以证明尿中的吗啡是由非禁用物质（如可待因）代谢而来，所有含超出阈值浓度吗啡的样品均视为违规。

但目前 WADA 并无针对吗啡来源的具体判定标准，兴奋剂检测工作需要报告超过 50% 阈值浓度时吗啡的准确浓度，可待因的浓度只是一个参考数据。因而吗啡和可待因的定量方法在兴奋剂检测实验室均为必需的工作程序，对吗啡定量的准确性要求更高。所以，检测人尿中吗啡和可待因对于竞技体育而言十分重要。

2. 方法选择

WADA 技术文件明确规定吗啡的阈值浓度基于葡萄糖醛酸结合吗啡（以游离形式表达）和游离吗啡的浓度总和，无需考虑硫酸酯结合吗啡的含量，因此，兴奋剂检测工作需要检出的是游离吗啡、M3G 和 M6G 的总浓度。现阶段 WADA 各实验室对吗啡的定量检测方法并不一致，但基本以气质联用和液相色谱串联质谱法为主。由于检测的目标物极性大、难挥发，采用气质联用检测时需要衍生化，而实际过程中还伴随酸水解和液液萃取，因此操作步骤相对烦琐，而且气质法检测吗啡及可待因还存在酸水解针对性不强、整个分析时间较长、结果重现性较差、不确定度较高等问题。而液相色谱串联质谱的操作相对较为简单，但存在保留时间短、离子化效率差的缺点。因此目前不少学者对液质法进行了一些改进。本应用采用酶水解过夜后将尿中的 M3G 和 M6G 全部释放为游离型吗啡，再液液萃取对尿样进行化学前处理，LC-MS/MS 进行检测，内标法定量。

3. 提取方法

取尿样 1.0mL，加 1.0mL 水，加 $50\mu L$ 内标（吗啡-d_3，10ng/μL）甲醇溶液，加入 1.0mL 磷酸盐缓冲液及 $50\mu L$ β-葡糖苷酸酶（约 2500U），55℃水浴箱中水解过夜（约 22h），冷却后加入约 1g 碳酸盐固体缓冲剂和 3mL 提取液（乙醚/异丙醇体积比 9:1）萃取，留取有机相于 60℃氮气流下吹干，用初始流动相溶解定容至 $500\mu L$，进样

10μL 于 LC-MS/MS。

4. 仪器检测方法

（1）液相色谱分离条件　采用 XBridge^{TM} C$_{18}$ 色谱柱（3.5μm，2.1mm×100mm），柱温为 40℃；流动相采用 pH10 的 0.1%NH$_4$OH 水溶液（A）和乙腈（B）。进行梯度洗脱，洗脱梯度程序为：0～1min，流动相 A 保持 98%；1～4min，流动相 A 由 98% 变为 60%；4～4.1min，流动相 A 由 60% 变为 2%；4.1～10min，流动相 A 保持 2%；最终初始条件平衡 6min。流速 0.3mL/min，进样量为 10μL。

（2）质谱条件　采用多反应离子监测（MRM）；电喷雾（ESI）正离子模式；毛细管电压 4000V；干燥器温度为 330℃；干燥器流速为 10.0L/min；定量分析采用离子对 $m/z286{\rightarrow}m/z201$（吗啡）、$m/z300{\rightarrow}m/z171$（可待因）和 $m/z289{\rightarrow}m/z165$（吗啡-D$_3$）进行比较。

5. 方法的定量限和阈值浓度检测的准确性

配制较低浓度的 M3G 和可待因控制尿样，依实验方法进行提取检测分析，选择信噪比大于 10：1 的最低浓度，得到 M3G 的定量限（LOQ）为 0.08μg/mL，依分子量计算吗啡的浓度为 0.05μg/mL；同样方法，得到可待因的定量限为 0.005ng/mL。

选用不同的标准品配制浓度为 1.62μg/mL 的 M3G 和 1.0μg/mL 可待因的混合控制尿样，取 10 份，使用两份标准品储备溶液配制两条校准曲线，与控制尿样一起同时加入内标依实验方法进行测定，通过定量离子峰面积比值得到实测值。使用其中一条校准曲线时，尿样中吗啡定量结果分别为 0.985μg/mL、0.996μg/mL、1.023μg/mL、0.970μg/mL、1.039μg/mL、1.012μg/mL、0.997μg/mL、1.045μg/mL、0.969μg/mL、1.017μg/mL；使用另一条校准曲线得到的结果为 0.992μg/mL、1.003μg/mL、1.030μg/mL、0.977μg/mL、1.046μg/mL、1.019μg/mL、1.004μg/mL、1.052μg/mL、0.976μg/mL、1.024μg/mL。同样，使用一条校准曲线，可待因定量结果分别为 0.991μg/mL、1.013μg/mL、1.016μg/mL、0.989μg/mL、0.966μg/mL、1.044μg/mL、1.029μg/mL、1.001μg/mL、1.014μg/mL、0.993μg/mL；另一条校准曲线得到的结果为 0.987μg/mL、1.009μg/mL、1.012μg/mL、0.985μg/mL、0.962μg/mL、1.040μg/mL、1.025μg/mL、0.997μg/mL、1.009μg/mL、0.989μg/mL，两种物质的定量相对偏差均小于 5%。取含 1.62μg/mL 的 M3G 和 1μg/mL 可待因控制尿样 10 份，同样依实验方法对尿样进行化学前处理及仪器检测（同人，同设备），计算日内精密度，吗啡和可待因的 CV 分别为 2.64% 和 2.22%。按照日内精密度的操作方法，每天操作 1 次，使用不同操作者、不同设备，共 3 次，吗啡的 3 次测量平均值分别为 1.005μg/mL、1.012μg/mL、1.005μg/mL，可待因的测量值为 1.002μg/mL、1.004μg/mL、1.006μg/mL，计算得到吗啡的日间精密度（CV）为 4.01%，可待因为 2.01%。

按照 WADA 技术文件要求的方法计算测量方法的不确定度为 0.04μg/mL（吗啡）和 0.03μg/mL（可待因）。

6. 应用特点

　　本应用建立了液相色谱串联质谱测定 WADA 禁用物质吗啡及相关物质可待因的定量方法并进行了方法验证。运用酶水解过夜的方法处理尿样，既保证了葡萄糖醛酸结合吗啡水解的完全，又不影响游离型吗啡测定的准确性，使用一个步骤同时测定尿中禁用物质吗啡的总量，无需更多的标准品和标准曲线，数据处理简单。相比于气-质方法，无需进行衍生化，简化了前处理操作步骤，减少了引入较大误差的可能性，定量结果的精密度得到了大大的提高；降低了工作量，减低了工作人员因为接触衍生化试剂而面临的潜在健康威胁；采用 Bridge™C$_{18}$ 色谱柱和高 pH 值流动相，改善了吗啡在普通 C$_{18}$ 柱上不保留、仪器响应和保留时间重现性较差、峰形拖尾较为严重的问题，得到了良好的质谱响应，峰形较对称。

缩 略 语 表

AFT	黄曲霉毒素（Aflatoxin）
APCI	大气压化学离子化
API	大气压离子化
APPI	大气压光电离技术
CE-MS	毛细管电泳-质谱联用
CE	毛细管电泳
CFFAB	连续流动快原子轰击
CID	碰撞诱导解离
CI	化学电离
C-Trap	双曲面四级杆
DC	直流电压
DLI	液体直接导入接口
EI	电子轰击
ESI	电喷雾
ESI	电喷雾离子化
ESI	电喷雾离子化正模式（Electron Spray Ionization）
FAB	快原子轰击
FT ICR	傅里叶变换离子回旋共振
GC	气相色谱
HPLC-DAD	液相色谱二极管阵列检测法
HPLC	高效液相色谱
HPLC	高效液相色谱法
HRMS	高分辨质谱法
IT MS	离子阱质谱
IT TOF	离子阱飞行时间质谱仪
LC-MS/MS	液相色谱串联质谱法
LC-MS	液相色谱质谱联用仪
LTQ-Orbitrap	线性离子阱和轨道离子阱联用
MALDI	基质辅助激光解析
MCX	混合阳离子交换柱
MRM	多反应检测
MS	质谱
m/z	质荷比
Orbitrap	轨道离子阱

PAHs	多环芳烃
PDAD	光电二极管阵列检测器
PPCP	药品和个人护理用品
QMA	四级杆质量选择器
Q-MS	四级杆质谱仪
QqQ	三重四级杆
Q-TOF	四级杆、飞行时间质谱联用
RF	射频电压
SF/Z JD	司法鉴定技术规范
TOF MS	飞行时间质谱
TTCA	2-硫代噻唑烷-4-羧酸
TTX	河豚毒素（Tetrodotoxin）
VD	维生素 D（Vitamin D）
WADA	世界反兴奋剂机构

参 考 文 献

[1] 邹汉法，张玉奎，卢佩章.高效液相色谱法［M］.北京：科学出版社，1998.

[2] 于世林.高效液相色谱方法及应用［M］.北京：化学工业出版社，2000.

[3] 杨先碧，阮慎康.高效液相色谱发展史［J］.化学通报，1998，11：56-60.

[4] 谢孟峡，刘媛，丁雅韵.现代高效液相色谱技术的发展［J］.现代仪器，2001，1：30-32.

[5] 李彤.高效液相色谱和超高效液相色谱仪器的一些最新发展［J］.色谱，2015，33（10）：1017-1018.

[6] 中华人民共和国国家药典委员会.中华人民共和国药典，2015版一部［M］.北京：中国医药科技出版社.2015.

[7] 中华人民共和国卫生部.尿中2-硫代噻唑烷-4-羧酸的高效液相色谱测定方法：WS/T40—1996［S］.北京：1996.

[8] 中华人民共和国国家卫生和计划生育委员会，国家食品药品监督管理总局.食品安全国家标准食品中维生素 K_1 的
测定：GB 5009.158—2016［S］.北京：中国标准出版社，2016.

[9] 中华人民共和国农业部，中华人民共和国国家卫生和计划生育委员会.食品安全国家标准 水产品中甲氧苄啶残留量
的测定 高效液相色谱法：GB 29702—2013［S］.北京：中国标准出版社，2013.

[10] 中华人民共和国国家卫生和计划生育委员会.食品安全国家标准食品中牛磺酸的测定：GB 5009.169—2016［S］.北
京：中国标准出版社，2016.

[11] 中华人民共和国国家卫生和计划生育委员会，国家食品药品监督管理总局.食品安全国家标准食品中苯甲酸、山
梨酸和糖精钠的测定：GB 5009.28—2016［S］.北京：中国标准出版社，2016.

[12] 中华人民共和国国家卫生和计划生育委员会，国家食品药品监督管理总局.食品安全国家标准 食品中黄曲霉毒素
B族和 G族的测定：GB 5009.22—2016［S］.北京：中国标准出版社，2016.

[13] 中华人民共和国环境保护部.土壤和沉积物多环芳烃的测定高效液相色谱法：HJ 784—2016［S］.北京：中国环境
科学出版社，2016.

[14] 中华人民共和国环境保护部.水质阿特拉津的测定高效液相色谱法：HJ 587—2010［S］.北京：中国环境科学出版
社，2010.

[15] 中华人民共和国环境保护部.环境空气和废气酰胺类化合物的测定液相色谱法：HJ 801—2016［S］.北京：中国环
境科学出版社，2016.

[16] 付玉杰，赵文灏，侯春莲，刘晓娜，施晓光，祖元刚.超声提取-高效液相色谱法测定甘草中甘草酸含量［J］.植物
研究，2005，25（2）：210-212.

[17] 赵春玲，王秀霞，万端极.甘草酸粗品中甘草酸含量快速测定方法的探讨［J］.湖北工业大学学报，2007，22（5）：
66-68.

[18] Aguilar-Carrasco J C, Herndndez-Pineda J, Jimenez-Andrade J M. Rapid and sensitive determination of levofloxacin
in micro samplesof human plasma by high-performance liquid chromatography and its application in a pharmacokinet-
ic study［J］. Biomed Chromatogr. ，2015，29（3）：341-345.

[19] 罗红，李阳，王凤婕，陈小青，谭晓东.二硫化碳接触工人尿2-硫代噻唑烷-4-羧酸排泄规律的研究［J］.中华劳动
卫生职业病杂志，2003，21（6）：426-428.

[20] Riihimaki V, Kivisto H, Pehonen K. Assessment of exposure to carbon disulfide in viscose production workers from
urinary 2-thiothiazolidine-4-carboxylic acid determination［J］. Am J Ind Med，1992，22：85-97.

[21] 聂西度.高效液相色谱法测定谷物中维生素 K_1 的含量［J］.食品研究与开发，2005，26（4）：130-131.

[22] 朱晓华，翁棋兰，王静，刘畅，吴光红.高效液相色谱同时检测鱼肉组织中4种磺胺与甲氧苄啶的残留量［J］.南
京农业大学学报，2009，32（4）：138-142.

[23] 谢航，张声华.邻苯二甲醛-尿素柱前衍生高效液相色谱法快速检测枸杞中牛磺酸［J］.色谱，1997，15（1）：
54-56.

[24] 方宏兵，王德强.食品中牛磺酸的检测方法研究进展［J］.粮油食品科技，2011，19（4）：45-47.

[25] 牛媛媛，杨凤，丁克强，王立红.土壤中多环芳烃预处理及分析方法研究［J］.环境研究与监测，2016，29（1）：

21-25.

[26] Pelaez A I, Lores I, Sotres A. Design and field-scale impleentation of an "on site" bioremediation treatment in PAH-polluted soil [J]. Environmental Pollution, 2013, 181: 190-199.

[27] 李明, 马家辰, 李红梅, 熊行创, 江游, 黄泽建, 方向. 静电场轨道阱质谱的进展 [J]. 质谱学报, 2013, 34 (3): 185-192.

[28] Schwartz J. C., Senko M. W. A two-dimensional quadrupole ion trap mass spectrometer [J]. J Am Soc Mass Spectrom, 2002, 13: 659-669.

[29] 汪正范, 杨树民, 吴牟天, 岳卫华. 色谱联用技术 [M]. 第 2 版. 北京: 化学工业出版社, 2007.

[30] 王伟, 蔡文生, 邵学广. 傅里叶变换离子回旋共振质谱及其研究进展 [J]. 化学进展, 2005, 17 (2): 336-342.

[31] 郭玉华, 黄良安. 磁质谱分析系统的研究 [J]. 武汉大学报 (自然科学版), 1996, 42 (3): 337-340.

[32] 吴思诚, 王祖铨. 近代物理实验 [M]. 北京: 北京大学出版社, 1996.

[33] 高方园, 张维冰, 关亚风, 张玉奎. 电喷雾离子源原理与研究进展 [J]. 中国科学 (化学版), 2014, 44 (7): 1181-1194.

[34] 石龙凯, 杨进, 张小涛, 侯宏卫, 胡清源. 大气压光电离技术及其应用研究进展 [J]. 化学分析进展, 2014, 23 (4): 99-103.

[35] 钟丽君, 万乐人, 彭嘉柔. Q-Tof Ultima Global 质谱仪的简介及应用 [J]. 现代仪器, 2005, 1: 32-34.

[36] 刘海灵, 王海鹤. 四级杆飞行时间串联质谱及其应用 [J]. 现代仪器, 2011, 17 (1): 27-32.

[37] 侯可勇, 董璨, 王俊德, 李海洋. 飞行时间质谱仪新技术的进展及应用 [J]. 化学进展, 2007, 19 (2/3): 385-392.

[38] 中华人民共和国司法部司法鉴定管理局. 血液、尿液中 238 种毒 (药) 物的检测 液相色谱-串联质谱法: SF/Z JD0107005—2016 [S]. 北京: 2016.

[39] 中华人民共和国司法部司法鉴定管理局. 生物检材中河豚毒素的测定 液相色谱-串联质谱法: SF/Z JD0107011—2011 [S]. 北京: 2011.

[40] 蔡欣欣, 张秀尧. 超高效液相色谱三重四极杆质谱法同时快速测定血浆和尿液中 11 种杀鼠剂 [J]. 分析化学, 2010, 38, (10): 1411-1416.

[41] 曹阳, 梁琼麟, 章弘扬, 王义明, 毕开顺, 罗国安. 中药复方六神丸中多类成分的多维液质系统筛查和鉴定 [J]. 分析化学, 2008, 36 (1): 39-46.

[42] 潘智然, 梁海龙, 梁朝晖, 徐文. 基于诊断离子策略的超高压液相色谱-线性离子阱-轨道离子阱质谱联用技术解析中药虎杖的化学成分 [J]. 色谱, 2015, 33 (1): 22-28.

[43] 李龙飞. 牛乳中黄曲霉毒素 M_1 检测方法的研究 [J]. 乳业科学与技术, 2016, 39 (3): 39-43.

[44] Guo F Q, Li A H, Lan F, Liang Y Z, Chen B M. Journal of Pharm aceutical and Biomedical Analysis, 2006, 40 (3): 623-630.

[45] Deng C H, Y ao N, Wang A Q, Zhang X M. Analytical Chim ica Acta, 2005, 536 (1/2): 237-244.

[46] Prandini A, Tansini G, Sigolo S, et al. On the occurrence of aflatoxin M_1 in milk and dairy products [J]. Food and Chemical Toxicology, 2009, 47 (5): 984-991.

[47] 中华人民共和国国家卫生和计划生育委员会, 国家食品药品监督管理总局. 食品安全国家标准 食品中黄曲霉毒素 M 族的测定: GB 5009.24—2016 [S]. 北京: 中国标准出版社, 2016.

[48] 中华人民共和国国家质量监督检验检疫总局, 中国国家标准化管理委员会. 动物源食品中多种 β-受体激动剂残留量检测方法 液相色谱-串联质谱法: GB/T 22286—2008 [S]. 北京: 中国标准出版社, 2008.

[49] 中华人民共和国国家质量监督检验检疫总局. 中华人民共和国出入境检验检疫行业标准, 动物源性食品中多种碱性药物残留量的检测方法 液相色谱-质谱/质谱法: SN/T 2624—2010 [S]. 北京: 中国质检出版社, 2010.

[50] 中华人民共和国国家质量监督检验检疫总局, 中国国家标准化管理委员会. 可食动物肌肉、肝脏和水产品中氯霉素、甲砜霉素和氟苯尼考残留量的测定 液相色谱-串联质谱法: GB/T 20756—2006 [S]. 北京: 中国标准出版

社，2006.

[51]　中华人民共和国国家卫生和计划生育委员会，国家食品药品监督管理总局.食品安全国家标准 食品中维生素 A、D、E 的测定：GB 5009.82—2016 [S].北京：中国标准出版社，2016.

[52]　中华人民共和国国家质量监督检验检疫总局，中国国家标准化管理委员会.原料乳与乳制品中三聚氰胺检测方法：GB/T 22388—2008 [S].北京：中国标准出版社，2008.

[53]　中华人民共和国环境保护部.水质 苯氧羧酸类除草剂的测定 液相色谱/串联质谱法：HJ 770—2015 [S].北京：中国环境科学出版社，2015.

[54]　中华人民共和国农业部.土壤中 13 种磺酰脲类除草剂残留量的测定 液相色谱串联质谱法：NY/T 2067—2011 [S].北京，中国标准出版社，2011.

[55]　Strobel M，Heinfich F. Biesalski H K. Improved method for rapid determination of vitamin A in small samples of breast milk by high performance liquid chromatography [J]. J. Chromatogr A，2000，898（2）：179—183.

[56]　Huck CW，Popp M，Scherz H，et al. Development and evaluation of a new method for the determ ination of the carotenoid content in selected vegetables by HPLC and HPLC MS-MS [J]. J Chromatogr Sci，2000，38（10）：441-449.

[57]　Jafari M T，Saraji M，Yousefi S. J Chromatogr A，2012，1249：41-47.

[58]　牛增元，罗忻，汤志旭，叶曦文.分析化学，2009，37（4）：505-510.

[59]　李卫东.兴奋剂检测方法的研究进展 [J].广州体育学院学报，2012，32（3）：38-43.

[60]　申利.高效液相色谱-串联质谱法同时筛查人尿中 40 种世界反兴奋剂机构禁用药物 [J].体育科学，2015，35（5）：66-70.

[61]　闫宽，马艳华，周瑞，张丽娟，董颖.用液相色谱-串联质谱法检测人尿中三种普坦类兴奋剂控制药物 [J].中国运动医学杂志，2015，34（10）：989-993.

[62]　钱介庵，刘鸿宇.合成类固醇类体育违禁药物的分类及危害 [J].运动人体科学，2013，13（3）：18-19.

[63]　安丽媛，洪宇，徐友宣.人体毛发中类固醇类兴奋剂的液相色谱串联质谱检测方法研究 [J].中国运动医学杂志，2014，33（6）：576-582.

[64]　陈晓虎，秦剑，苏晶，任学毅，曾令高，况刚.UPLC-Q-TOF 检测止咳平喘类中成药中非法添加的 8 种化学药品 [J].中国实验方剂杂志，2015，21（4）：64-67.

[65]　余璐，宋伟，吕亚宁，赵暮雨，周芳芳，胡艳云，郑平.超高效液相色谱-四级杆-飞行时间质谱法快速筛查茶叶中的 204 种农药残留 [J].色谱，2015，33（6）：597-612.

[66]　胡洪营，王超，郭美婷.药品和个人护理用品（PPCPs）对环境的污染现状与研究进展 [J].生态环境，2005，14（6）：947-952.

[67]　詹丽娜，陈沁，古淑青，邓晓军.超高效液相色谱-四级杆/静电场轨道阱高分辨质谱检测食品中的牛奶过敏原酪蛋白 [J].色谱，2017，35（4）：405-412.

[68]　申利，吴筠，杨志勇，景晶，董颖，徐友宣.兴奋剂检测中吗啡和可待因的 LC-MS/MS 定量方法研究 [J].中国运动医学杂志，2015，34（11）：1089-1097.

[69]　殷居易，谢东华，陈建国，章再婷，俞雪均，刘罡一，陈允华，陈杰.液相色谱-大气压光电电离源质谱法同时测定电子电气产品中 16 种多环芳烃残留 [J].质谱学报，2009，30（5）：300-306.

[70]　赖聪.现代质谱与生命科学研究.北京：科学出版社，2013.

[71]　Birendra N Pramanik，A K Ganguly，M L Gross 主编.电喷雾质谱应用技术 [M].蒋宏键，俞克佳译.北京：化学工业出版社，2005.

[72]　陈耀祖，涂亚平.有机质谱原理及应用 [M].北京：科学出版社，2001.